YAMAHA

Hageman
CYCLES
YAMAHA
YAMAHA
UNI

PRÉFACE

Prendre soin de l'objet de notre passion, voilà une satisfaction qui n'a pas de prix. Réaliser soi-même l'entretien de sa moto et de ses équipements, récupérer d'anciennes pièces, en recycler d'autres, bien se préparer pour un voyage, personnaliser sa monture... Autant d'opérations que vous retrouverez détaillées dans des fiches pratiques qui retracent pas à pas les étapes à suivre. Du débutant au plus confirmé, chacun trouvera matière à s'émanciper, s'accomplir. Et si rien n'est impossible, nous rappellerons, s'il est besoin, que certaines interventions très pointues ne pourront faire l'économie d'un passage chez un professionnel, c'est pourquoi nous les avons délibérément occultés de ce guide. Et comme avant d'entreprendre il est important de comprendre, pour chaque opération nous vous livrons également un décryptage des différents mécanismes ou règles à respecter avant de vous lancer.

Damien Bullot

Facile = NIVEAU DÉBUTANT DIFFICULTÉ

Un peu difficile = NIVEAU INTERMÉDIAIRE DIFFICULTÉ

Difficile = NIVEAU CONFIRMÉ DIFFICULTÉ

Très difficile = NIVEAU EXPERT DIFFICULTÉ

YAMAHA
YAMAHA
R1M

YAMAHA

SOMMAIRE

COMMENT ÇA MARCHE / DÉCRYPTAGE

À FAIRE SOI-MÊME

Satisfaction d'être soi-même à l'ouvrage, réelles économies : nombreux sont les arguments pour se lancer dans l'entretien de sa moto. Pour vous faciliter la tâche, On vous dit tout : comment vous équiper, quelles étapes respecter et quels fondamentaux maîtriser. Bref, les clés de la réussite sont à présent entre vos mains !

- Plusieurs raisons peuvent s'imposer à vous avant de vous lancer dans l'entretien de votre moto. L'absence de motocistes à proximité, souci d'économie, ou tout simplement la satisfaction de prendre soin de votre monture. Les trois se cumulent aussi. Mais attention toutefois à ne pas surestimer vos capacités.

- Sur chaque fiche, vous retrouverez le niveau de difficulté pour vous aiguiller. De même, ne négligez pas l'outillage pour éviter les mauvaises surprises et transformer de la mécanique en bricolage. Ce qui pourrait d'une part altérer des pièces essentielles et vous obligerait d'autre part à apporter votre moto à moitié démontée chez un concessionnaire. Une opération qui risquerait de vous faire dépenser finalement plus que la somme prévue au départ. Dans les pages qui suivent, nous vous livrons des fiches pratiques sous forme de tutoriels pour réaliser vous-même plusieurs manipulations d'entretien pour soigner votre moto.

- Ces gestes sont relativement simples et en respectant certaines règles d'usage saupoudrées d'un peu de patience, vous pouvez réaliser l'entretien courant de votre moto. Le premier point (indispensable à nos yeux) se concentre sur l'outillage. Il convient de se munir du bon équipement pour ne pas être confronté à de sérieux problèmes lors du démontage ou du remontage. Un outil de piètre qualité peut considérablement endommager les différentes pièces de votre machine. Au mieux, vous endommageriez une vis ou un écrou. Au pire, vous pourriez casser un élément dans son logement et vous retrouver dans l'incapacité de démonter ou remonter une pièce essentielle.

- Dans le même registre, utiliser un outil inadapté peut avoir de graves conséquences. Raison pour laquelle nous vous avons signalé les niveaux de difficulté pour chaque opération. Nous vous proposons également une sélection de produits et deux guides d'achat (huile et pneumatiques) pour réaliser vos emplettes avant de vous lancer.

6 RÈGLES D'OR POUR BIEN TRAVAILLER

1 L'INSTALLATION

Si vous n'avez pas un garage tout équipé, faites de la place pour pouvoir tourner autour de la moto. Stabilisez-la également pour qu'elle ne tombe pas durant les opérations qui vont la faire bouger. Pensez également à avoir suffisamment de points lumineux.

2 LE MENTAL

Prévoyez assez de temps pour réaliser l'opération souhaitée. Surtout, ne vous surestimez pas, et restez calme. Certaines manipulations ne sont pas toutes réalisables par des amateurs non outillés ou non expérimentés. En revanche, les opérations de ce guide sont réalisables par des débutants grâce à des tutoriels ou avec de petites notions de mécaniques.

3 VENTILEZ

Essence, huile moteur, liquide de refroidissement, diluants, vous allez être amené à utiliser des produits plus ou moins toxiques. N'oubliez pas d'aérer au maximum, même s'il fait froid. Ouvrez la porte du garage, faites circuler l'air et assurez-vous que les vapeurs ne remontent pas dans votre maison.

④ LES PIÈCES ET CONSOMMABLES

Faites une liste des pièces et consommables indispensables à vos opérations (plaquettes, filtres, etc.). Vérifiez bien les références avant de vous lancer.

⑤ L'ÉQUIPEMENT

Une caisse à outils avec des éléments de bonne facture est obligatoire. Un bon outil fait un bon mécanicien, l'inverse est moins vrai. Nous vous proposons dans la page ci-contre une liste d'éléments nécessaires pour réussir l'entretien de votre moto. Elle n'a rien d'exhaustif et peut être complétée sans problème. Habillez-vous avec des vêtements qui ne craignent rien et qui protègent. L'idéal étant un bleu de travail avec des chaussures de sécurité. En plus des outils, pensez à prévoir de petits rangements pour les écrous et vis, ainsi que des protections pour le sol et des récipients fermés pour récupérer les fluides et les apporter ensuite à la déchetterie.

⑥ LE BON OUTIL POUR LA BONNE VIS

Quand elle n'est pas de forme hexagonale, une vis peut avoir une empreinte différente.
L'empreinte d'une vis est la partie usinée dans laquelle l'embout de vissage s'intègre.

- **La fente :** pour la manœuvrer, il faut utiliser un tournevis plat. Si cette empreinte avait cours dans un passé lointain, elle tend à disparaître. On la retrouve encore parfois sur des fermetures de carénage.
- **La Phillips, dite cruciforme :** créée pour gagner en sécurité et en rapidité dans les années 1930 sur les chaînes de montage automobile, cette empreinte supporte un couple de serrage élevé mais nécessite d'avoir l'embout à la bonne taille pour ne pas la détériorer.
- **La Pozidriv :** variante de la Phillips, elle lui ressemble mais nécessite un embout spécifique.
- **La Torx :** créée par Camcar en 1967, cette empreinte à 6 lobes se répand de plus en plus, malgré son prix plus élevé, puisqu'elle supporte des couples de serrage importants.
- **6 pans ou Allen ou BTR :** très répandue en mécanique, elle fut brevetée en 1910 aux USA par W.G. Allen. Son empreinte supporte les démontages fréquents, mais convient moins aux visseuses et clés à chocs.
- **Le carré :** plus utilisée en menuiserie, cette empreinte est très peu répandue en France.

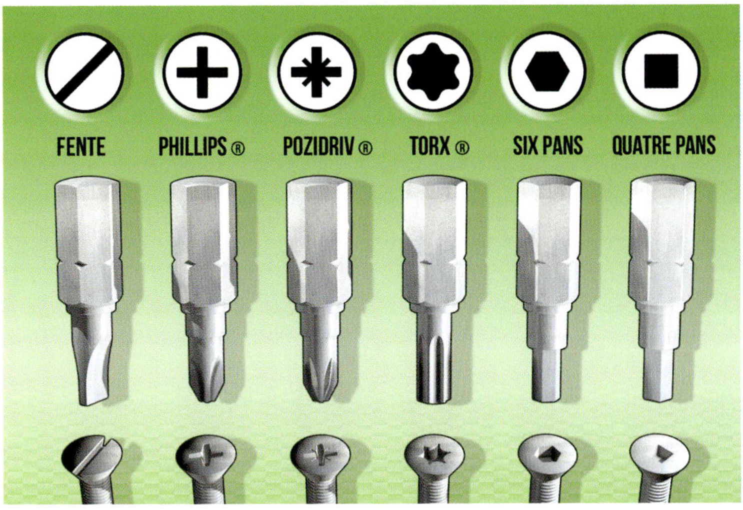

CONSTITUEZ LA CAISSE À OUTILS « IDÉALE »

Voilà de quoi serait composée, a minima, la boîte à outils idéale pour entreprendre sereinement et efficacement votre mécanique. Prenez garde à ce que ces derniers soient de bonne qualité :

- *Scie à métaux*
- *Maillet*
- *Pied à coulisse*
- *Un jeu de tournevis*
- *Un jeu de clés Allen*
- *Un jeu de clés plates*
- *Un jeu de clés en T*
- *Un coffret mini-cliquet*
- *Un coffret cliquet ½*
- *Un multimètre*
- *Une pince étau*
- *Une pince à dénuder*
- *Une pince à becs fins*
- *Une pince coupante*
- *Une pince multiprise*
- *Une clé dynamométrique*
- *Un aimant sur tringle articulée*
- *Un grappin sur tringle articulée*
- *Un marteau*
- *Un embout BTR à plusieurs sections*
- *Des démonte-pneus*
- *Un fer à souder*
- *Une bobine de fil d'étain de petit diamètre*
- *Une bobine de fil de fer de petit et moyen diamètre*
- *Un coffret de colliers en Rilsan®*
- *De la toile émeri*
- *Un rouleau de scotch américain*
- *Un rouleau adhésif extensible*
- *Une lampe-torche ou baladeuse*
- *Une bobine de papier atelier*
- *Un nettoyant/dégraissant frein en aérosol*
- *Un dégrippant en aérosol*
- *Un nettoyant contact en aérosol.*

POUR DÉBUTER

Un jeu de tournevis (3 tailles différentes en plat et cruciforme), un jeu de clés mixtes (du 8 au 17), un jeu de clés hexacaves, un marteau, une pince multiprise.

POUR LES CONFIRMÉS

En plus de la basique, un jeu de clés à pipe, une boîte de douilles, un cliquet, des clés Torx, une pince coupante, une pince étau, un maillet, une scie à métaux, une clé de filtre à huile, une lampe.

POUR LES EXPERTS

Avec la basique et la confirmée, une perceuse, un jeu de chasse-goupilles, un jeu de clés en T, une clé dynamométrique, une pince à bec, une pince à circlip, une pince à dénuder, un jeu de pointeaux, un jeu de tournevis à petit manche, un ohmmètre.

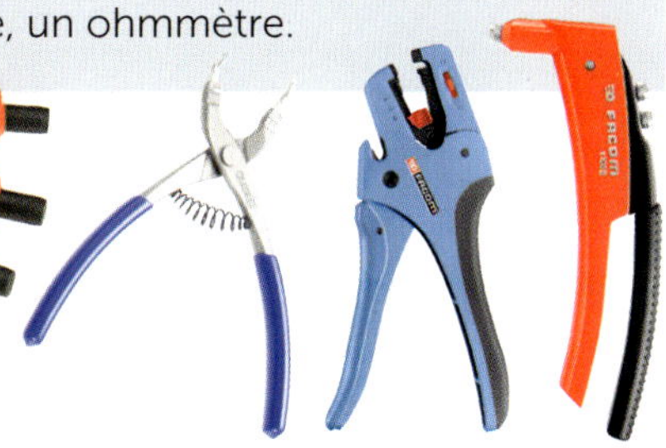

POUR ALLER PLUS LOIN...

Un établi pliant pour ceux qui n'ont pas de place, un bac de récupération, un enrouleur électrique, une visseuse à percussion, une paire de gants, un pied à coulisse, un étau.

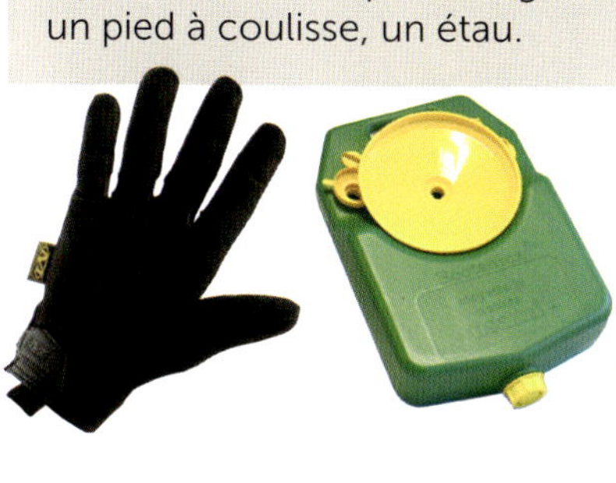

LES POINTS CLÉS POUR AMÉNAGER VOTRE GARAGE

Un garage sert à garer un ou des véhicules, c'est un fait entendu. Mais avec un peu de méthode, quelques heures, du matériel et des rangements spécifiques il peut, en plus d'assurer sa mission première, se transformer en buanderie, atelier ou remise.

1 DE LA MÉTHODE ET DU PRAGMATISME

Tout d'abord, dans le cas où votre garage serait encombré, commencez par faire du tri. Une fois les choses essentielles conservées et référencées, la définition de l'espace peut commencer. Un plan, voire une conception en 3D à l'aide d'un logiciel informatique, peut s'avérer fort utile, pour ne pas dire nécessaire. Dans ce cas, prenez des côtes précises des hauteurs, largeurs et profondeurs disponibles.

Garer ses véhicules, à quelle place ?

Vous possédez, une, voire deux, automobiles et/ou plusieurs motos. Prenez les cotes de chacun (un Hummer ne prend pas la même place qu'une Fiat 500, une Goldwing est plus encombrante qu'un Monkey), il est difficile de donner un gabarit précis de l'occupation au sol d'un véhicule, mais à titre de comparaison l'une des voitures les plus vendues, la Renault Clio 3, mesure 4 m de long pour 1,72 m de large. Un scooter ou une moto mesure en moyenne 2 m de long pour 1 m de large. Une fois les mesures effectuées, définissez leur meilleure place en fonction de leurs utilisations. L'emploi quotidien d'un scooter oblige à le ranger à proximité de la porte à l'arrière de la voiture, si cette dernière est garée en marche avant bien évidemment. Si à l'inverse, votre moto est utilisée le week-end exclusivement, elle trouverait sa place au fond du garage au-devant du véhicule, afin d'éviter de devoir bouger l'un ou l'autre sans nécessité. Une fois les mesures et les utilisations de chaque véhicule définies, dessinez votre automobile en serrant le côté passager contre un mur. Une fois, les véhicules incorporés, mesurez les espaces restants au sol, principalement au fond et sur les côtés. Il faut laisser au minimum 70 cm pour pouvoir circuler.

Un besoin d'espace variable en fonction de ses besoins ?

En fonction des besoins, les espaces nécessaires ne seront pas les mêmes. Si vous souhaitez transformer cet espace en pièce de stockage, en buanderie, la place peut vite être limitée en fonction des volumes à ranger. Pour un atelier, la problématique est identique. Le travail du bois ou la mécanique nécessitent des machines encombrantes, (une scie circulaire occupe environ un demi-mètre carré au sol), la mécanique demande de la visibilité et de l'espace quand le bricolage en tout genre ne requiert pas la même surface que la réalisation de maquette. Vous aurez donc compris qu'il est impératif de bien structurer d'abord vos pensées et définir vos besoins avant d'aménager votre garage. À titre de comparaison, celui-ci se pense comme une cuisine. Soyez donc méthodique et pragmatique.

Attention, sécurisez les lieux

Si vous rangez des éléments de valeur (sentimentale ou financière), la sécurisation est essentielle. Le système de fermeture devra être multipoint. Les ouvertures pourront être agrémentées de petits barreaux en métal. Une alarme sera également un vrai plus pour votre garage. Les systèmes sont couplés à ceux de la maison si votre garage est attenant. Un anneau scellé au sol ou au mur pourra compléter la dotation.

2 LES AMÉNAGEMENTS NÉCESSAIRES ET SPÉCIFIQUES

L'éclairage un point essentiel

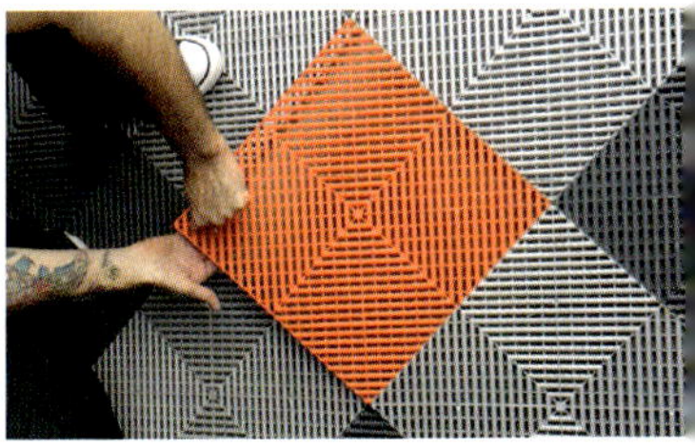

La lumière naturelle est toujours préférable, mais il est assez rare d'avoir des garages/ateliers pourvus de vitre. Des néons assez plats si vous n'avez pas beaucoup de hauteur sont l'idéal. Rajoutez quelques lampes d'appoints au-dessus des points stratégiques (établi, machine à laver, entrée...).

Le sol, un élément important

Un béton ciré, des résines, du grès cérame, voir des dalles de sol évitent de travailler dans la poussière. Pour ceux qui souhaitent nettoyer à grandes eaux, n'oubliez pas qu'il faut une pente afin d'évacuer l'eau. Un ragréage pourra se révéler obligatoire avant la pose des meubles au sol, afin d'éviter de devoir les caler au fur et à mesure de leur installation. Pour les mécaniciens auto, la création d'une fosse permet de ne pas devoir se glisser sous la voiture. Il convient, dans ce cas-là, de décaisser sur plus de 1,5 m de profondeur pour 70 cm de large, créer un escalier (ou une échelle), et carreler le tout.

Ventilation et isolation

Pour les mécaniciens manipulant des produits odorants, un système de ventilation et/ou d'extraction sera obligatoire. L'ouverture de la porte ventilera, mais l'hiver il vous sera compliqué de travailler dans le froid. Une isolation offre également une plus large amplitude pour se servir de son atelier, et ce quelle que soit la saison. Un chauffage d'appoint à bain d'huile viendra compléter la panoplie pour lutter contre l'hiver.

Le recyclage

Les poubelles de la maison trouveront naturellement place dans le garage (à moins d'avoir un espace spécifique dans votre cour ou jardin). Vous pouvez effectuer un coffrage en bois pour les cacher ou opter pour l'alignement des bacs fournis par votre commune. Il faut les manipuler remplies, il convient donc de leur trouver une place près de la sortie. Pour l'atelier, vous pouvez rajouter un bac à ferraille et un espace pour les fluides, qu'il conviendra d'emporter ensuite vers une déchetterie.

La buanderie : un cas à part

Si votre atelier sert également de buanderie, il convient de stocker les différents produits ménagers dans le fond de l'atelier le plus loin possible des gaz d'échappement. Pour l'installation de la machine à laver et/ou du sèche-linge, ces derniers ne doivent pas être branchés sur la même prise, et doivent être impérativement reliés à une prise terre. Un disjoncteur spécifique pour ces appareils est un vrai plus. L'installation d'une machine à laver nécessitera également une arrivée et une évacuation d'eau. Au-dessus de cette dernière, installez une étagère et une tringle afin d'accrocher des cintres. Vous pouvez en profiter pour équiper cette pièce d'un point d'eau avec bac et robinet, voir un bac de douche, pour ceux qui ont de la place. Si vous comptez installer des machines spécifiques comme un tour, une fraiseuse, une dégauchisseuse... pensez à installer une prise par poste pour éviter de manipuler sans cesse prises et rallonge.

Un pont, un investissement rentable

Pour celui qui travaille souvent sur des motos, l'achat d'un pont peut se révéler un bon investissement, car se trouver à hauteur d'homme pour intervenir sur une machine fatigue bien moins et évite d'avoir le dos cassé en deux.

3 OCCUPATION DE L'ESPACE

Largeur et longueur quels sont les besoins ?

Si votre garage n'est pas très large, c'est la profondeur qui sera utilisée, à l'inverse s'il n'est pas très long, les côtés serviront pour installer des rayonnages. Comme en cuisine, les meubles spécifiques font entre 50 et 70 cm de profondeur (n'oubliez pas de rajouter les 70 cm de passage). Il faut donc disposer d'environ 1,4 m en largeur pour aménager des rangements sur les côtés. En fonction de la profondeur, vous pourrez installer un établi de 90 cm. Des modèles moins encombrants existent, mais ils offrent forcément moins d'espace de travail. N'oubliez pas l'espace de circulation qui peut être supprimé dans ce dernier cas. Il suffira juste de sortir la voiture quand vous voudrez travailler.

Ne pas négliger la hauteur ?

La hauteur est un atout. Certes les garages ou remises sont rarement très hauts de plafond, mais, il y a au minimum 2 m disponibles. Installez donc des meubles hauts. Si vous disposez de plus de hauteur, l'installation de rails offrira du rangement pour les choses longues. Si votre garage offre une hauteur supérieure à 2,30 m, une mezzanine pourra compléter la capacité totale de rangement.

4 QUELS RANGEMENTS?

Meubles ouverts ou fermés : Même si votre garage est propre comme une salle d'opération, nous vous conseillons des rangements fermés. Les rayonnages ouverts sont moins chers, mais ils prennent la poussière, et rendent accessibles des produits ou outils aux enfants. Préférez des rangements avec une porte offrant la possibilité de les cadenasser. La fixation de ces éléments au mur est obligatoire pour une bonne stabilité.

Fer, PVC ou bois : Pour les rangements, vous pouvez investir dans des éléments conçus pour le garage chez les spécialistes ou en magasins de bricolage... Entre les éléments en fer permettant de supporter des charges, les structures en PVC plus légères ne craignant pas l'humidité ou le bois plus esthétique, il y en a pour toutes les bourses et tous les usages.

La récup, une solution : La récupération est également une possibilité. Une ancienne cuisine ou une ancienne penderie peuvent être reconditionnées. En revanche, un ensemble disparate avec des largeurs et des hauteurs différentes fera perdre de l'espace et se montrera moins fonctionnel.

Le sur-mesure, cher, mais idéal : La fabrication sur mesure par un spécialiste vous permettra d'optimiser l'espace disponible en fonction de vos besoins. Mais il se fera surtout en fonction de vos moyens. L'aménagement par un spécialiste coûte entre 2 et 12000 €. Un budget conséquent pour un garage.

Les rangements spécifiques : Porte-vélos, supports pour les outils de jardin sont des rangements spécifiques à prévoir. Ils permettent de libérer de l'espace au sol en prenant de la hauteur et d'être parfaitement adaptés pour chaque type d'utilisation.

5 CLASSEZ, RANGEZ... OPTIMISEZ

Pour optimiser votre garage/atelier, chaque objet doit être répertorié et classé. Ainsi, les cours de terminale du dernier et la décoration, qui n'a plus sa place mais que l'on souhaite conserver, seront rangés dans l'endroit le moins accessible du garage. Les éléments de jardin régulièrement manipulés, et forcément un peu terreux, seront rangés à l'entrée de votre local. Les produits ménagers et toxiques seront quant à eux regroupés et stockés dans une armoire fermant à clef et installée en hauteur. L'espace buanderie trouvera sa place le plus loin possible du tuyau d'échappement de la voiture. L'idéal est d'avoir une étagère ou un rayonnage pour chaque secteur. Quitte à laisser de l'espace vide pour ne pas mélanger des outils n'ayant aucun rapport. Les choses lourdes trouveront place dans les rangements bas quand les choses moins encombrantes et légères iront dans les espaces placés en hauteur.
Ainsi chaque objet est classé par groupe de travail. Les outils pour la mécanique ne doivent pas être à côté des pinceaux ou des spatules pour l'enduit. Pour les plus petits ustensiles et autres pièces spécifiques, optez pour des boîtes de rangement (en pvc) plus ou moins grandes. Un étiquetage précis est certes long, mais il vous fera gagner du temps le jour où vous rechercherez quelque chose dans l'urgence. Une boîte pour la plomberie, une pour l'électricité, une autre pour les chevilles et fixations, etc. sont autant de conditionnements qui permettent de bannir le rangement en vrac contre-productif.

6 L'ÉTABLI : UN ESPACE À PART

Il en existe de toutes les tailles et à tous les prix. Un élément large (90 cm) et haut permet de travailler debout sans devoir se courber. L'installation d'un étau est à prévoir également. Placez ce dernier de façon logique, ni au centre ni sur contre un mur. Sur l'établi, des petits conditionnements (avec écrou, vis à bois, etc.) peuvent trouver place au mur si ce dernier n'est pas déjà utilisé pour le rangement des outils. Si les spécialistes proposent des supports muraux parfaitement adaptés pour le rangement des outils, vous pouvez également créer le vôtre. Une plaque de medium, des crochets et un marqueur et le tour est joué. Dessinez chaque outil au marqueur et fixez-les à l'aide des crochets. Les outils les plus lourds se positionnant vers le bas du plan de travail, pour ne pas avoir à trop les manipuler et éviter la casse si ces derniers tombent. Sur cet établi, un point lumineux et une prise seront nécessaires. Des caissons à roulettes pourront venir compléter les rangements et pourront servir de servante en fonction des besoins.

7 LA DÉCORATION

Est-il nécessaire de décorer un atelier/garage ? La mise en peinture des murs dans une couleur claire, certes salissante, rendra le lieu plus lumineux. Un sol en dalle aux couleurs de votre marque de voiture préférée peut apporter un style unique à votre local. Nous vous laissons juger de la pertinence d'un tel achat. La pose de plaques en métal, posters (récupérés dans votre magazine préféré), calendriers, etc. est certes superflue, mais renforcera un sentiment de confort et de bien être.

LE SANG DU MOTEUR

L'huile, d'abord animale, puis végétale et enfin minérale, reste incontournable pour assurer la lubrification comme le refroidissement de votre moteur.

- L'huile est essentielle au bon fonctionnement du moteur, comme le sang pour le corps humain. Si les organes métalliques (pistons et cylindres) paraissent lisses, leur surface est en réalité constellée d'aspérités. Les lubrifier avec de l'huile gomme ces reliefs et crée un jeu entre les pièces en mouvement par un système de couches successives.

- L'huile évite également la surchauffe due aux frottements. En plus de lubrifier, elle nettoie, empêche la corrosion, et joue un rôle dans l'étanchéité du moteur. De plus, elle participe à l'évacuation de la chaleur causée par la friction des pièces et la combustion.

- De la fin des années 1800 jusqu'au début du XXe siècle, l'huile était végétale ou animale, à l'image de l'huile de Ricin, connue aussi sous le nom d'huile de castor (Castor oil en anglais), qui donna le nom de Castrol en 1909. Par la suite, les huiles devinrent minérales en étant fabriquées à partir du pétrole brut. À partir de 1980, les huiles synthétiques sont apparues, introduites par Castrol en compétition. Ces huiles (fabriquées de A à Z) ont évolué avec le temps et l'apparition de nouvelles molécules. Cependant, les huiles minérales n'ont pas totalement disparu

puisqu'elles sont associées à des produits chimiques artificiels pour constituer ce que l'on appelle les huiles semi-synthétiques. Compromis offrant le meilleur rapport qualité/prix, ces dernières sont encore très présentes sur le marché.

Si les compositions restent secrètes, on trouve dans les huiles actuelles des additifs comme l'antistatique, pour augmenter la conductivité électrique et réduire la formation d'étincelles. L'anti-usure forme une pellicule sur les métaux et les protège. L'anti-mousse supprime les bulles. Les inhibiteurs de corrosion sont une barrière à cette dernière. Les dispersants évitent les dépôts. Les détergents, savons alcalins, nettoient. Les émulsifiants facilitent le mélange et certains conjuguent plusieurs actions, comme l'alkylphénate sulfure de calcium, le polytétrafluoroéthylène ou le dialkyldithioposphate. Mais l'histoire étant un éternel recommencement, les pétroliers travaillent de nouveau sur des huiles à base bio innovantes.

LES NORMES

Normes de viscosité :

- SAE : elle est établie par la Society of Automotive Engineer. La viscosité détermine la résistance à l'écoulement de l'huile, par rapport à la température. Certaines (les monogrades) n'offrent qu'une seule viscosité, quand d'autres (les multigrades) ont une plage d'utilisation plus vaste.
- Le premier chiffre indique la viscosité à froid (0 est utilisable à - 30 °C).
- Le « W » signifie « winter » (hiver en anglais).
- Le second chiffre indique la viscosité à chaud (mesurée à 100 °C). Attention, les deux chiffres ne sont pas établis à partir de la même échelle lors des mesures de viscosité.

Normes de qualité :

- API : en tenant compte de plusieurs critères, comme le pouvoir dispersif, l'action détergente, la résistance à l'usure ou la protection contre la corrosion, l'American Petroleum Institute a établi un classement des huiles en leur attribuant une lettre en plus du « S » (pour service), de A à H (le A étant la moins bonne note, H la meilleure). Pour les huiles deux-temps, les critères de fumée et de dépôt viennent s'ajouter aux tests, et les huiles sont estampillées avec un T et une lettre supplémentaire (de A à C).
- ISO : la norme ISO essaye d'établir une harmonisation internationale. Selon la localisation, il existe des normes différentes :
- les japonaises sont symbolisées par un « F » puis une lettre (de A à C) ;
- les européennes (CCMC pour Comité des constructeurs du marché commun) sont symbolisées par la lettre G puis un chiffre (de 1 à 5).
- L'ACEA (pour Association des constructeurs européens d'automobiles) est marquée de la lettre A suivie d'un chiffre (de 1 à 5).

NIVEAU INTERMÉDIAIRE DIFFICULTÉ

LA VIDANGE EN 7 ÉTAPES

- *Bidon d'huile*
- *Filtre à huile neuf*
- *Joint de bouchon de vidange*
- *Clé à pipe adaptée à votre bouchon*
- *Clé de filtre*
- *Bassine ou récupérateur*
- *Chiffon*
- *Entonnoir*

1 Repérez et dévissez le bouchon de vidange sous la moto avec une clé à pipe. Faites attention au sens de dévissage. Lorsqu'on se trouve au-dessus de la moto, il faut dévisser dans le sens inverse du desserrage normal sur certains bouchons de vidange.

2 Laissez l'huile s'écouler dans la bassine ou le récupérateur. Avec un moteur chaud, l'huile sortira plus facilement du carter. Pour bien vidanger, laissez la moto droite. Une fois que le plus gros est écoulé, penchez la moto sur la béquille latérale pour retirer les dernières gouttes.

3 Nettoyez le filetage du bouchon de vidange pour éliminer les impuretés. Retirez le joint métallique, remplacez-le par un joint neuf (photo en bas à gauche). Surtout, n'oubliez pas de bien nettoyer le plan de joint. Enfin, revissez le tout à la main (photo en bas à droite), puis terminez le revissage avec la clé. Il est inutile de serrer trop fort, cela pourrait rendre le prochain démontage problématique.

4 Dévissez le filtre à huile usagé avec une clé de filtre appropriée. Terminez le dévissage à la main. Nettoyez le plan de joint avec un chiffon propre avant de remonter le filtre neuf.

5 Huilez le joint du nouveau filtre avant de le remonter sur le carter. Cette remarque est inutile sur les filtres pré-huilés. Serrez-le à la main et terminez avec la clé de filtre sans exagérer.

6 Versez le bon volume d'huile dans le carter. Pour connaître la quantité exacte, vous pouvez vous référer au manuel d'entretien, à la revue technique de votre moto ou directement sur le carter moteur. Remplissez avec un entonnoir pour éviter d'en renverser partout.

7 Fermez le bouchon de vidange et démarrez le moteur en le laissant au ralenti le temps que le voyant d'huile s'éteigne. Laissez reposer. Vérifiez le niveau, et complétez au besoin. Assurez-vous qu'il n'y a pas de fuite au niveau du bouchon ou du filtre.

LA STATION D'ÉPURATION

Dernière barrière avant la chambre de combustion, le filtre à air retient les poussières et les particules néfastes pour le moteur. Lorsqu'il s'encrasse, il perd de ses capacités filtrantes et augmente la consommation d'essence. Il est alors grand temps de le remplacer par un élément identique ou haute performance.

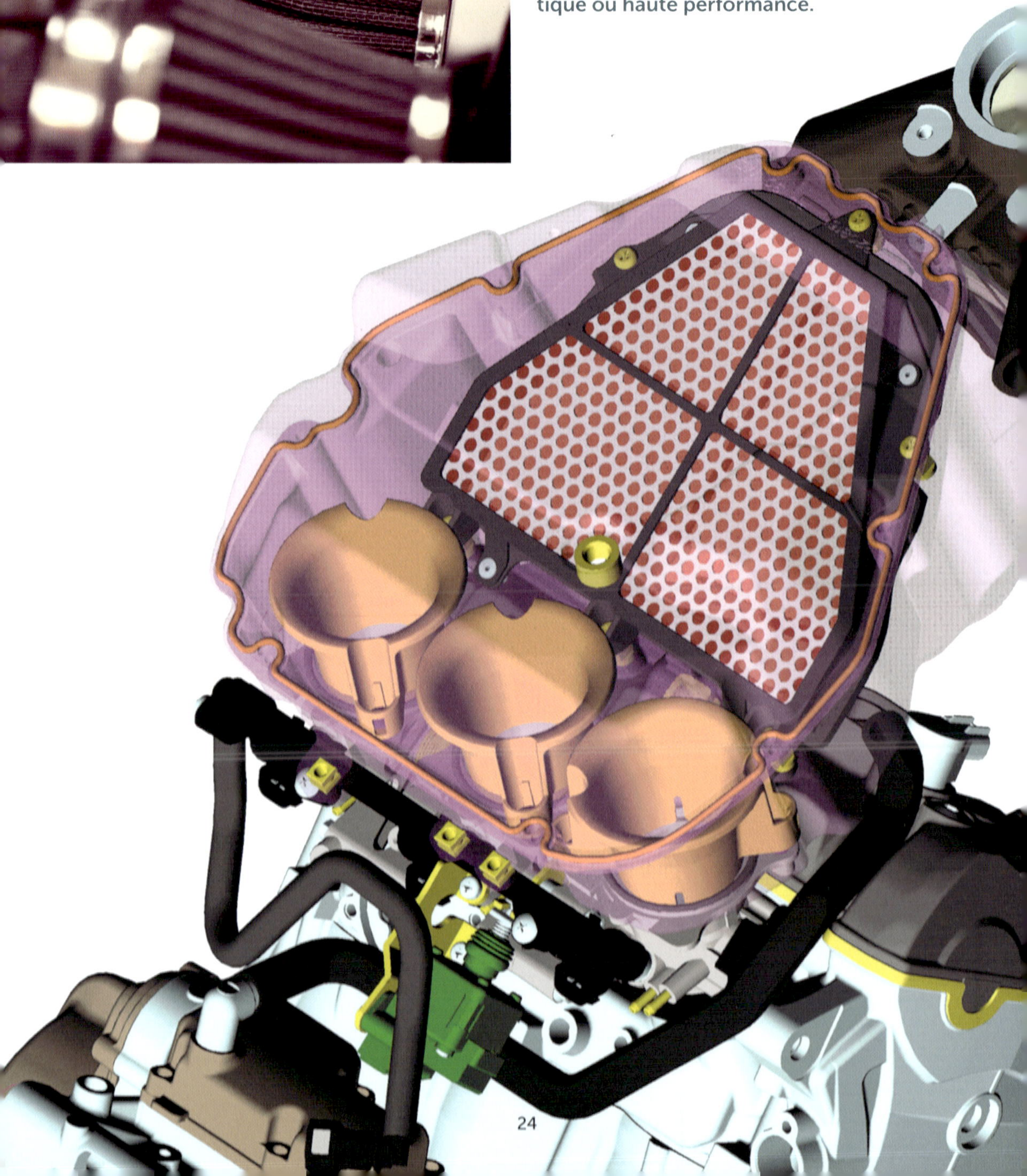

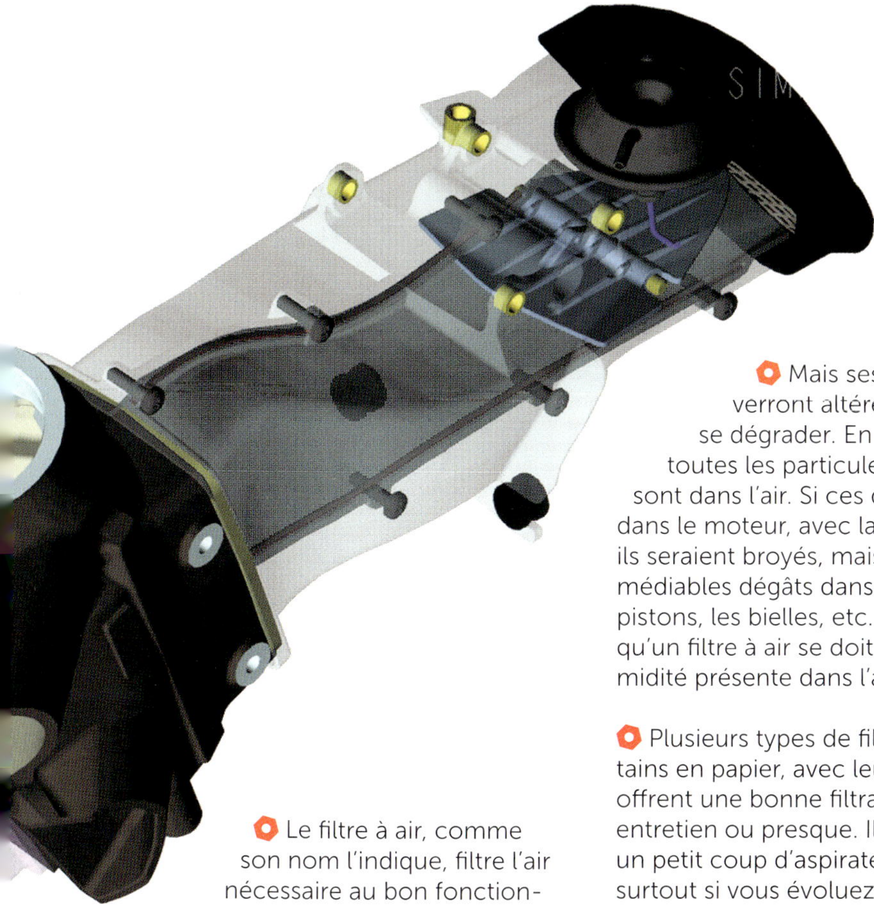

Le filtre à air, comme son nom l'indique, filtre l'air nécessaire au bon fonctionnement des moteurs à explosion. Pour mémoire, le mélange d'air et d'essence s'enflamme et explose pour propulser le piston, qui anime le reste des éléments afin de faire tourner la roue. Si cet élément est inexistant ou défectueux, cela n'empêche pas votre moteur de fonctionner.

Mais ses performances se verront altérées et pire, il risque de se dégrader. En effet, le filtre récupère toutes les particules et petits grains qui sont dans l'air. Si ces derniers rentraient dans le moteur, avec la vitesse du piston, ils seraient broyés, mais causeraient d'irrémédiables dégâts dans le cylindre, sur les pistons, les bielles, etc. Ajoutons également qu'un filtre à air se doit d'être résistant à l'humidité présente dans l'atmosphère.

Plusieurs types de filtres existent. Certains en papier, avec leur aspect cotonneux, offrent une bonne filtration, le tout sans entretien ou presque. Ils ne sont pas contre un petit coup d'aspirateur ou de soufflette, surtout si vous évoluez en ville. Les éléments en mousse, équipant principalement les motos tout-terrain, se nettoient facilement avec de l'eau chaude, puis se regraissent avant leur remise en place. Enfin, les filtres à air «performance» améliorent le débit d'air, se lavent et résistent plus longtemps, ce qui permet d'espacer les changements.

NIVEAU CONFIRMÉ DIFFICULTÉ

CHANGER OU NETTOYER LE FILTRE À AIR EN 5 ÉTAPES

- *Un chiffon*
- *Un filtre à air neuf*
- *Les clés plates, Allen ou BTR nécessaires au démontage des éléments de carrosserie*
- *Un tournevis cruciforme de carrosserie*
- *Un tournevis cruciforme*

1 Avant toute chose, il faut repérer où se trouve le filtre. Généralement, il est placé soit sous le réservoir, soit sous la selle, derrière le système d'alimentation. Pour vous y retrouver, utilisez la revue technique, le manuel du propriétaire, ou observez attentivement votre moto : la boîte à air y est parfois visible. Une fois l'emplacement trouvé, démontez les pièces qui vous barrent l'accès à la boîte à air comme le cache latéral ou le réservoir.

2 Retirez ensuite le couvercle de la boîte à air pour accéder au filtre.

3 Ôtez l'ancien filtre en prenant garde de ne rien faire tomber dans les conduits d'admission. Introduisez un chiffon propre pour éviter que des poussières ne rentrent dans le moteur.

4 Nettoyez ensuite le plan de joint et le couvercle de la boîte à air en vous assurant que rien n'empêche la remise en place du nouveau filtre.

5 Retirez le chiffon, puis réinstallez le nouveau filtre en vous assurant de son bon positionnement. Replacez le couvercle en vérifiant qu'il n'y a aucun pincement. Remontez les différents éléments enlevés dans l'étape 1.

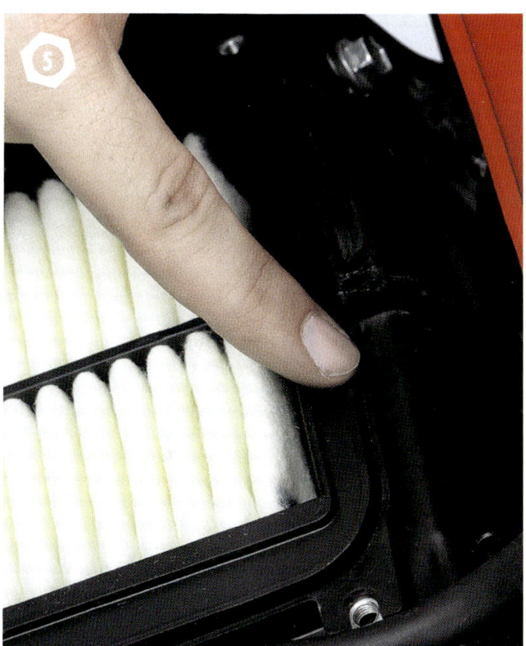

CAS PARTICULIER

Si votre moto est équipée d'un filtre lavable, mettez un chiffon propre dans les conduits d'admission du filtre lavable et refermez le couvercle de la boîte à air en attendant de remonter votre filtre nettoyé. Pour nettoyer le filtre, utilisez un produit spécifique ou du liquide vaisselle, et rincez abondamment à l'eau chaude. Essorez et laissez sécher avant d'opérer le remontage. Dans le cadre d'un filtre haute performance, le liquide vaisselle sera remplacé par une solution vendue par la marque.

IL SUFFIRA D'UNE ÉTINCELLE

Pour donner vie au moteur à explosion, la bougie d'allumage est l'élément clé qui transforme l'électricité en étincelle. Un élément plus technique qu'il n'y paraît et qui nécessite un entretien suivi.

Si, dès 1777, l'Italien Alessandro Volta préconise l'allumage d'un mélange air-carburant par une étincelle, il faudra attendre les travaux de François Isaac de Rivaz sur le moteur à explosion, d'Étienne Lenoir sur la propulsion automobile et de Beau de Rochas tout au long du XIXe siècle pour le mettre en œuvre.

En 1902, Robert Bosch présente ses premières bougies, dont le brevet a été déposé huit ans plus tôt, couplé avec une magnéto haute tension. Depuis, le principe reste le même, bien que les matériaux aient changé. Ainsi la porcelaine a-t-elle été abandonnée au milieu du XXe siècle au profit de la céramique, et des matériaux composites pour l'électrode ont fait leur apparition dans les années 1960.

Concrètement, le fonctionnement d'une bougie est assez simple : la bobine d'allumage envoie un courant électrique par les câbles d'allumage vers la borne de la bougie (son sommet). Ce courant traverse l'électrode centrale pour aller vers la chambre de combustion sur le dessus de laquelle est vissée la bougie (le culot est fixé sur la culasse), et pour que le courant ne dévie pas, cette électrode est recouverte d'un puissant isolant (la céramique résistant à des pressions supérieures à 60 fois l'atmosphère). Une fois chargée en électricité, une interaction s'opère entre l'électrode centrale et celle de masse située en dessous et non-chargée en électricité. Une étincelle se crée alors entre ces deux électrodes et le mélange air/carburant peut exploser, poussant ainsi le piston.

NIVEAU CONFIRMÉ DIFFICULTÉ

7 ÉTAPES POUR CHANGER LES BOUGIES

- *Des bougies neuves, le modèle préconisé pour votre moto pour lequel il faut impérativement respecter l'indice thermique, la longueur du filetage et l'écartement des électrodes*
- *Clé à bougie*
- *Clés BTR, Allen ou six pans, des tournevis en fonction des démontages requis*
- *Un chiffon propre*

1 Tout d'abord, cette opération se réalise impérativement moteur froid. Commencez par retirer ce qui vous barre l'accès aux bougies : les caches latéraux, le réservoir. Sur certaines motos, il faudra aussi faire basculer le radiateur ou retirer la boîte à air.

2 Retirez la cosse électrique qui alimente la bougie (certaines motos n'en sont pas pourvues), et tirez fort pour retirer l'antiparasite. Vous avez alors accès au puits de bougie. Profitez-en pour passer un petit coup de soufflette pour éviter que quelque chose ne s'infiltre dans la chambre de combustion lorsque vous allez retirer la bougie.

3 Insérez la clé à bougie dans le puits. Si l'accès est difficile, munissez-vous d'une clé articulée (et/ou à cliquet). Dévissez complètement et sortez la bougie. Introduisez un chiffon propre dans le puits de bougie pour éviter de faire entrer des impuretés.

4 On voit clairement la différence entre la bougie neuve (à gauche) et celle qui a déjà servi (à droite). Insérez la bougie dans le puits. Pour faciliter le démontage suivant, vous pouvez légèrement graisser le filetage. Si le puits est trop profond pour visser la bougie à la main, enfoncez-la dans la clé pour profiter d'une longueur suffisante.

5 Une fois que la bougie est vissée à la main, prenez une clé pour resserrer correctement. Normalement, une bougie se serre au couple (1,2 kg sur notre Z 750). Si vous ne disposez pas d'une clé dynamométrique, serrez à fond à la main et ajoutez 1/8e de tour de clé. Une bougie neuve et déjà montée ne se serre pas de la même façon à cause du joint métallique qui s'écrase lors du premier montage. Dans ce cas précis, consultez le manuel d'entretien, ou la revue technique pour en savoir plus.

6 Il suffit ensuite de remettre l'antiparasite en appuyant fermement pour qu'il se clipse. Un petit « clac » se fait alors entendre. Vous pouvez ensuite rebrancher la cosse électrique s'il y en a une.

7 Reproduisez les mêmes gestes pour les bougies restantes. Remontez les éléments que vous avez retirés et démarrez la moto pour vous assurer qu'elle tourne rond.

L'ÉNERGIE POSITIVE

Indispensable organe au bon fonctionnement d'une moto, la batterie permet de stocker et redistribuer l'électricité fournie par l'alternateur. Entrons dans ses entrailles afin de découvrir son fonctionnement, et découvrons les moyens de la préserver, la changer, ou lui redonner une nouvelle jeunesse.

Inventée en 1859 par le Français Gaston Planté, la batterie accumule, grâce à une réaction chimique, l'électricité fournie par l'alternateur qu'elle redistribue ensuite en fonction des besoins, que ce soit pour démarrer ou apporter l'énergie nécessaire pour les phares, clignotants et tous les autres organes fonctionnant à l'aide de l'électricité. L'alternateur génère un courant alternatif grâce à un rotor et un stator. Un aimant passe devant un autre aimant qui lui est fixe, ce qui créait des changements de polarité.

Ce courant est envoyé vers le régulateur qui, comme son nom l'indique, régule ce dernier. Il est ensuite dirigé vers la batterie pour être stocké. S'il existe plusieurs types de batteries, leur fonctionnement et leur constitution sont équivalents. La batterie doit délivrer volts et ampères. Le voltage sert pour l'éclairage, une alarme, etc. quand les ampères servent pour le démarrage. La capacité d'une batterie est ainsi exprimée en ampère-heure. Par exemple, pour 12 Ah, la batterie est capable de délivrer 12 ampères en une heure.

À l'intérieur, une batterie est constituée de plusieurs accumulateurs reliés en série (voir infographie ci-contre). Chacun produisant 2 volts, il en faut donc six par batterie pour produire les 12 volts nécessaires à une moto. Chaque accumulateur est composé de plaques positives et négatives positionnées en parallèle et en alternance avec trois plaques positives et 4 négatives. Les premières citées sont en pentoxyde de plomb (PB205) et les secondes en plomb (PB). Ces plaques sont plongées dans un mélange dénommé électrolyte, composé d'environ 20 % d'acide sulfurique (H2SO4) et d'environ 80 % d'eau distillée. Pour obtenir la réaction chimique, trois éléments entrent donc en action : le plomb, l'eau et l'acide qui, par interaction, emmagasinent le courant et le font circuler.

L'ensemble est généralement monté dans des bacs en polypropylène (parfois alvéolaires) afin de résister à la chaleur et au froid, ainsi qu'à l'acide. Les anciennes générations de batteries, dites avec entretien, pouvaient être ouvertes notamment pour les remplir d'eau et/ou d'acide. Les nouvelles générations, dites sans entretien, sont, quant à elles, scellées. Ce qui empêche toute intervention. Seuls certains chargeurs offrent la possibilité de leur redonner une seconde jeunesse.

Enfin, certaines batteries sont appelées AGM. Elles sont constituées d'eau et d'acide incrustés dans un élément ressemblant à du buvard retenant ces derniers en cas d'ouverture et de retournement. Une batterie peut subir trois problèmes liés à sa charge. Le plus courant : la sulfatation, provoquée par le fait de la laisser se décharger. Ce phénomène engendre la création de cristaux de sulfate de plomb qui s'accumulent sur les plaques de plomb. À cause de cette couche, la batterie perd en efficacité. Deuxième problème, qui concerne les batteries au calcium cette fois : la stratification. Quand la batterie est à moitié déchargée, des couches se créent à l'intérieur de celle-ci (déposant l'acide en bas et l'eau en haut), entraînant une panne certaine. Enfin, la dessiccation (due au fait de charger votre batterie avec une tension supérieure à celle-ci) fait entrer cette dernière en surcharge, provoquant l'évaporation de l'eau. Les plaques ne baignant plus dans un liquide homogène, le fonctionnement de la batterie s'en trouve altéré. Pour éviter ces dysfonctionnements, l'idéal est de brancher régulièrement votre batterie sur un chargeur de qualité.

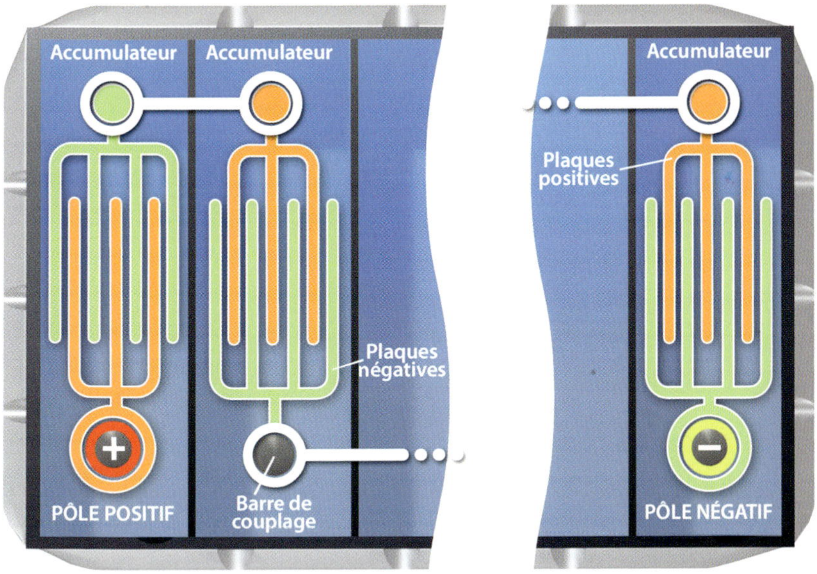

NIVEAU DÉBUTANT DIFFICULTÉ

LA BATTERIE, EN PRENDRE SOIN EN 5 POINTS

- *Un chargeur de batterie de moto*
- *Une brosse métallique*
- *Un multimètre électronique*
- *Une clé plate de 8*

Pour les batteries non scellées :

- *De l'eau déminéralisée*
- *Un petit entonnoir*

1 Il existe deux types de batteries, avec ou sans entretien. Les premières sont transparentes et bénéficient de deux témoins (mini et maxi), qu'il faut surveiller. Les batteries sans entretien sont scellées et opaques, elles ne doivent surtout pas être ouvertes.

2 Si les bornes sont oxydées, le courant passe moins bien, ce qui peut empêcher la moto de fonctionner correctement. Pour y remédier, il faut gratter l'oxydation à l'aide d'une brosse métallique pour rétablir un bon passage du courant.

3 Si votre batterie est trop faible pour démarrer, il faut l'aider en la rechargeant. Pour cela, débranchez les cosses qui relient la batterie à la moto à l'aide de la clé de 8 et placez le chargeur à chaque borne + (en rouge) et – (en noir). Branchez ensuite votre chargeur sur secteur jusqu'à ce que la charge soit complète. Si vous utilisez un chargeur de voiture, faites attention à l'intensité qu'il délivre. Elle doit être égale au dixième de la capacité de la batterie. Pour une batterie de 14 ampères, il ne faut pas dépasser 1,4 A. Certains chargeurs (comme celui présenté ici) s'adaptent en fonction de la batterie qu'ils rechargent.

④ Votre batterie est hors d'usage et vous devez la changer. Rien de plus simple. Mis à part certaines motos qui cachent leur batterie dans des endroits improbables (sabot moteur, entre le réservoir et la boîte à air), elle est généralement située sous la selle. Débranchez les cosses et retirez la batterie. Il ne vous reste plus qu'à y placer la nouvelle après l'avoir préalablement rechargée. Apportez ensuite l'ancienne batterie dans une déchetterie ou chez un garagiste pour qu'elle soit recyclée par des professionnels.

⑤ Si votre batterie se décharge fréquemment, c'est peut-être que votre circuit de charge est défectueux. L'alternateur ne fournit plus de courant à la batterie qui ne se recharge plus. Contrôlez le voltage aux bornes de la batterie avec un multimètre, la tension doit être d'environ 12 volts moteur éteint et d'au moins 13 volts au ralenti. Le voltage doit augmenter lorsque l'on accélère.

CAS PARTICULIER DES BATTERIES NON SCELLÉES

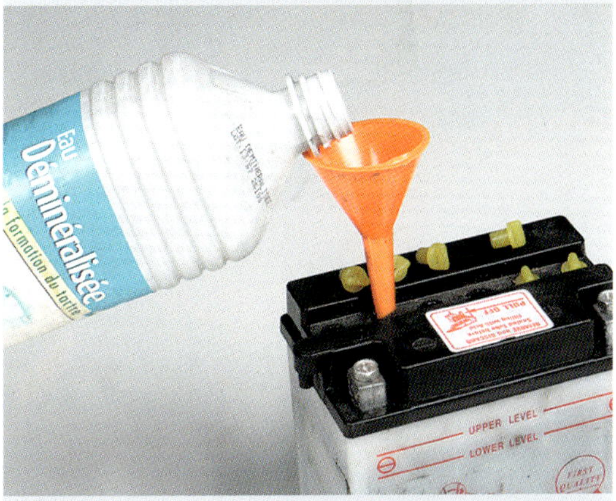

Les batteries non scellées ne doivent surtout pas manquer de liquide (mélange d'eau et d'acide), appelé électrolyte. Si le niveau est trop bas, les électrodes en alliage de plomb noyées dans l'eau s'oxydent au contact de l'air. La dégradation de ces électrodes empêche le courant électrique de passer et réduit les performances de la batterie. Pour éviter ce phénomène, il faut ajouter de l'eau déminéralisée lorsque c'est nécessaire. Attention à ne pas dépasser le niveau maxi, car la batterie pourrait déborder. L'acide risque alors d'attaquer tout ce qui se trouve autour (plastiques, cadre, faisceau...).

BIEN VU, BIEN VOIR

Indispensable pour voir et être bien vu, l'éclairage est, à tort, trop souvent négligé. De la lanterne aux ampoules classiques, en passant par les Leds et les feux directionnels, les éléments d'éclairage d'une moto sont variés mais toujours essentiels.

L'éclairage sur une moto est essentiel de jour comme de nuit. Mais les contraintes liées aux transferts de masses et la tendance du faisceau à suivre l'axe de la moto pour éclairer l'extérieur d'un virage n'arrangent rien. Si des solutions techniques commencent à arriver, le phare des motos est encore de conception assez ancienne. Il produit trois sources d'éclairage avec le feu de position (la veilleuse), le feu de croisement, et celui de route. Il est composé d'un cuvelage (avec composants optiques et électriques) et de l'optique. Celle-ci est constituée d'une glace diffusante et d'un miroir parabolique (à une ou plusieurs facettes). Par le passé, les glaces des phares étaient striées pour orienter le faisceau. Mais ce procédé a disparu peu à peu pour laisser place à des miroirs à plusieurs facettes. Les optiques lenticulaires ont ensuite fait leur apparition pour les feux de route, offrant un encombrement moindre. De même, les éléments en verre (cassant) ont été remplacés par des éléments en polycarbonate.

Pour les ampoules, les codes classiques et européens, composés d'un filament qui chauffe par le passage d'électricité et d'un ballon de verre, ont été remplacés par les lampes halogènes, qui fonctionnent à l'identique, mais dont le globe de verre renferme un gaz composé d'iode et de brome. Elles offrent plus de puissance et moins de chaleur. On notera l'arrivée, au début des années 2000, des ampoules halogènes H7 à décharge, utilisant un arc électrique à l'intérieur d'un brûleur en quartz. Cette avancée augmente la puissance et réduit la chaleur. Ce qui a permis de passer sur les optiques en polycarbonate. Le Xénon, très puissant, reprend le même principe évoqué ci-dessus, mais le courant électrique passe directement dans du gaz et non plus un filament. La législation a imposé d'avoir un correcteur d'assiette et un dispositif de lave-phare pour qu'il soit homologué sur les voitures.

En moto, les kits au Xénon sont réservés au monde des rallyes, et les ampoules au Xénon peuvent être montées sur les feux de route exclusivement. BMW a toutefois réussi à homologuer un système sur sa K 1200 LT en argumentant que ses suspensions ont permis de corriger l'assiette de l'ensemble. Le système à Del (pour diode électroluminescente [en anglais : Light-Emitting Diode, LEDs]) est un composant opto-électronique capable d'émettre de la lumière lorsqu'il est parcouru par un courant électrique. Plus économe, plus petit et donc facilement logeable dans des espaces restreints, ce système est apparu en automobile chez Audi qui en a équipé sa R8 en 2008. Dans la moto, le procédé est arrivé par petites touches avant d'être total sur la Ducati Panigale 1299. Cette technique semble représenter l'avenir, à moins que le système laser, encore plus petit et économe, initié sur la BMW i8, ne relègue les Dels au second plan.

Enfin et ce, quelle que soit la technologie utilisée, notez qu'il est interdit de rouler avec des phares mal réglés. De nuit, la route ne sera pas visible et si le faisceau est trop haut, vous risquez d'éblouir toutes les personnes que vous rencontrerez. Si vous vous faites arrêter par les forces de l'ordre avec un phare grillé ou mal orienté, vous risquez une amende de 4ᵉ classe (à partir de 90 €).

ACCÉLÉRATEUR DE PERFORMANCE

Par un ensemble de mécanismes, le carburateur réalise le mélange entre l'air et le combustible avant de le diriger vers la chambre de combustion du moteur pour que l'explosion se fasse. Simple comme évolué, il mérite un nettoyage régulier, voire quelques remplacements de pièces d'usure.

Si les premiers moteurs étaient alimentés par des carburateurs, ceux-ci étaient à léchage et certains ne possédaient même pas de cuve. Les modèles suivants avaient une cuve séparée et des boisseaux, puis les cuves ont été intégrées au corps du carburateur. Malgré l'arrivée de l'injection en 1955 (sur une BMW attelée en side-car, engagée en championnat du monde), il faudra attendre 1982 et la Kawasaki Z 1000 pour voir débarquer l'injection sur une moto de série. Mais cela n'a pas pour autant condamné le carburateur immédiatement.

Au fil du temps et des modèles, il a toutefois disparu, condamné en 2017 par les normes antipollution Euro 4. Il reste néanmoins présent sur un grand nombre de machines encore roulantes.

Le carburateur est l'élément clé du principe de la carburation. C'est dans ses entrailles que se réalise le mélange air et combustible qui part ensuite dans la chambre de combustion du moteur. Pour une carburation optimum, il faut que l'air et le carburant soient proportionnés de manière efficace.

Ce dosage, qui a pour nom le mélange stœchiométrique, est de 1 pour 14,7. Il faut ensuite que ce mélange soit homogène, quelles que soient les conditions météo, et à tous les régimes moteur. Et dans le cas où il y a plusieurs cylindres, il faut que la répartition se fasse de manière identique.

Le carburateur reçoit donc l'essence par le dispositif d'alimentation, et l'air par la descente du piston lors de la phase d'admission. L'essence arrive dans la cuve (par gravité ou à l'aide d'une pompe). Un flotteur porte un pointeau qui bouche l'arrivée d'essence quand le niveau est atteint. Le gicleur permet à l'essence d'être pulvérisée dans le courant d'air.

Ce mélange, qui se retrouve dans la chambre de carburation, est composé de plusieurs éléments (des papillons de gaz notamment) puis va dans le cylindre. Quand le moteur est arrêté, l'essence s'écoule et fait remonter le flotteur. Arrivé à son maximum, le boisseau stoppe son arrivée. Quand le moteur est en marche, le papillon des gaz est ouvert, laissant filer un courant d'air dans la tubulure d'admission et créant une différence de pression dans le diffuseur (qui a la forme d'un col). L'essence jaillit alors du gicleur, vidant la cuve, qui fait baisser le flotteur et donc le pointeau, permettant à nouveau le remplissage de la cuve.

Si les carburateurs ont évolué avec le temps, les principes, eux, n'ont pas changé. Sur les 2-temps, le câble actionne directement le boisseau, quand sur la plupart des 4-temps, le câble actionne le (ou les) papillon(s) d'entrée. Cette mécanique bien huilée relevant de l'horlogerie mérite une attention particulière et un soin approprié.

NIVEAU CONFIRMÉ DIFFICULTÉ

NETTOYER ET RÉPARER UN CARBURATEUR EN 7 ÉTAPES

- *Tournevis*
- *Clé en T*
- *Pinces à bec*
- *Nettoyant*
- *Clés Allen ou BTR*
- *Organes de remplacement adaptés*

(1) Démontez le carburateur en attaquant par les durites qui le relient au moteur (image du haut puis enlevez durites d'essence et câbleries (au centre) en faisant attention de ne pas détériorer les différents éléments.

(2) Le carburateur est enlevé. Que vous fassiez rapidement l'opération ou non, stockez votre machine à l'abri et obturez les différents orifices pour éviter que de la poussière ne rentre dans le moteur.

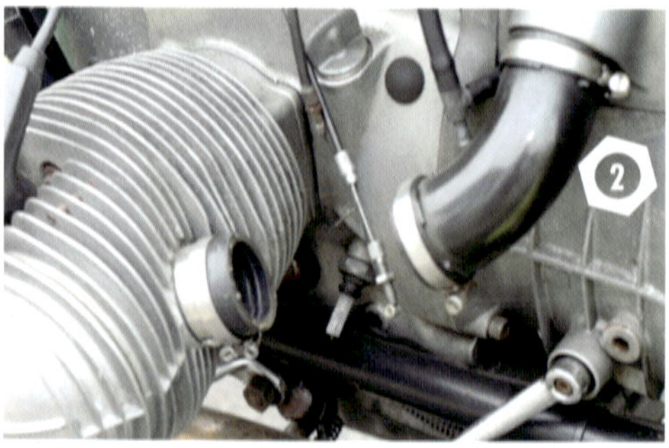

(3) Installez-vous dans un espace dégagé avec le matériel nécessaire pour attaquer le démontage et le remontage des différents éléments. La revue technique du modèle est un vrai plus pour commander les bonnes pièces et s'accompagner en cas de difficultés.

(4) Pulvérisez les différentes surfaces extérieures et les vis à démonter avec un produit spécifique pour enlever les dépôts qui empêcheraient que le démontage ne se passe dans de bonnes conditions.

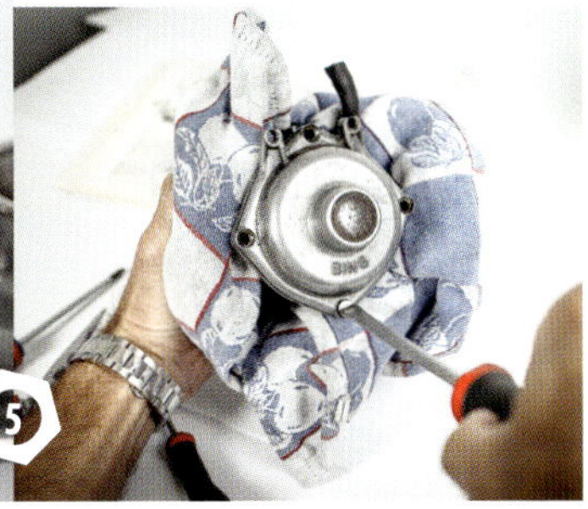

5 Pour changer la membrane du carburateur, commencez par enlever les vis supérieures du carburateur. Nettoyez l'intérieur avec le produit, puis changez la membrane. Attention, il y a parfois une position particulière symbolisée par un ergot dans le carburateur et sur la membrane.

6 Démontez le dessous de la cuve pour changer le flotteur et le boisseau. Prenez votre temps, et vérifiez bien la position initiale de chaque pièce avant de procéder à son changement. Repositionnez le joint et refermez.

7 Repositionnez le carburateur en commençant par la câblerie, puis les différentes durites. Assurez-vous du bon serrage de chaque élément pour éviter les prises d'air, problème majeur pour une carburation. Un réglage peut ensuite être nécessaire en fonction des pièces modifiées.

AGENT DE LIAISON

Faisant la connexion entre le vilebrequin et l'arbre primaire de boîte de vitesses, l'embrayage est soumis à de grosses contraintes et mérite un changement si nécessaire.

L'embrayage est l'élément qui permet de découpler le moteur de sa transmission. Il facilite ainsi l'union de façon intermittente des deux arbres en rotation que sont le vilebrequin et l'arbre primaire de boîte. Il se doit d'être progressif, mais aussi d'éviter tout glissement occasionné par la différence de vitesse. Il permet également que la moto ne parte pas dès sa mise en route.

Il est composé des disques munis de garnitures, d'un système presseur qui les maintient sous pression avec un plateau et des ressorts et enfin, un système de commande par câble ou hydraulique relié à un levier.
Si BMW et Moto Guzzi (pour les moteurs longitudinaux) ont opté pour le principe d'un monodisque, la plupart des embrayages classiques sont multidisque.

Il se compose d'une alternance de disques lisses en acier et garnis en acier, revêtus de garnitures en résines composites avec du métal, du minéral et/ou de la céramique, qui offrent une plus grande progressivité. La cloche et le plateau sont en aluminium. Ce type d'embrayage très répandu peut être mécanique, en bain d'huile comme sur la majorité des motos.
On y gagne en silence de fonctionnement mais aussi en progressivité, en refroidissement et donc, en endurance.

À contrario, on peut voir dans cette conception l'inconvénient d'un mécanisme à même de polluer l'huile dans laquelle il « trempe ». Et comme dans 99 % des cas cette huile est également dédiée à la lubrification du moteur et de la boîte de vitesses, il convient donc de respecter scrupuleusement les spécifications d'entretien et de remplacement dictées par le constructeur. Il existe des embrayages à sec comme sur certaines Ducati.

On notera l'évolution avec le système d'embrayage APTC, qui reprend le même principe que le système à bain d'huile mais utilise un accouplement hélicoïdal de la noix d'embrayage qui, en phase de motricité, force l'appui du plateau de pression sur les disques d'embrayage. Ceci permet de minimiser la dureté des ressorts de pression et donc d'atténuer l'effort au levier. En décélération, ces mêmes rampes hélicoïdales provoquent un effet inverse et facilitent le recul du plateau de pression. Le débrayage est facilité et le frein moteur réduit, c'est l'effet antidribble.

Si les systèmes automatiques avec convertisseur hydraulique, centrifuge ou mécanique robotisé font leur apparition depuis une bonne dizaine d'années, cela occasionne une flambée des prix et laisse encore un bel avenir à l'embrayage traditionnel. À la lecture de ces lignes, vous aurez compris que l'embrayage est fortement sollicité. Il nécessite donc son remplacement quand les premiers signes de fatigue se font sentir, comme le patinage, ou l'impossibilité de passer les vitesses. Inspectez tout de même le câble et la garde au levier, l'articulation du levier dans sa cocotte, l'émetteur et le récepteur en cas de commande hydraulique, des fois que le problème vienne de ce côté-là.

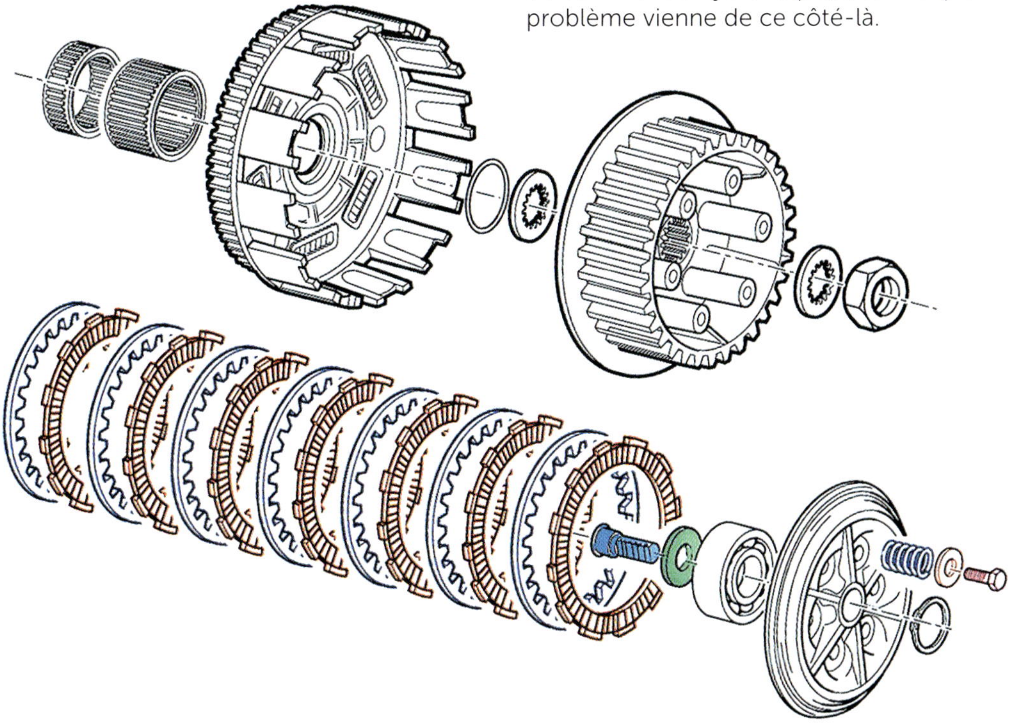

NIVEAU EXPERT DIFFICULTÉ

CHANGEZ L'EMBRAYAGE DE VOTRE MOTO EN 9 ÉTAPES

- *Clé en T*
- *Clé Allen*
- *Pied à coulisse*
- *Clé à douille*
- *Clé dynamométrique*
- *Récupérateur d'huile*

1 Quand un embrayage patine, on commence par inspecter l'état du système de commande pour vérifier que le câble n'est pas grippé dans sa gaine et si la garde est d'au moins 5 mm.

2 Pour accéder au couvercle d'embrayage, il faudra parfois enlever le carénage ou l'échappement. Dans certains cas, le couvercle de carter intègre d'autres éléments techniques, comme la pompe à eau par exemple. Il est nécessaire également de faire la vidange de la moto (voir page 18).

3 Après dépose du couvercle, on desserre graduellement les vis des ressorts de poussée en adoptant un schéma en croix pour libérer le plateau sur un plan toujours bien parallèle à sa surface d'appui.

4 On dépose le plateau de pression en prenant soin de repérer le montage utilisé. Ici, on voit bien la butée à aiguilles du piston de poussée placé en bout de la tige de débrayage qui traverse l'arbre primaire de boîte de vitesses.

5 Une traction linéaire est exigée pour retirer un à un les disques. On voit ici que les créneaux de noix et de cloche sont impeccables.

6 Si l'on privilégiera du matériel d'origine, il est possible de se fier à de l'adaptable de bonne facture. Mais surtout, il convient de s'assurer que l'épaisseur totale de l'empilement des disques tienne dans les tolérances du constructeur, c'est sensible et capital pour un bon fonctionnement et une bonne tenue dans le temps.

7 Le trempage des disques garnis est obligatoire avant remontage. Ils doivent être imbibés d'huile moteur. Bien entendu, on ne fait surtout pas ça sur sa Ducati avec embrayage à sec !

8 L'approche des vis des ressorts de poussée suit la même logique qu'au démontage : en croix et graduellement pour une avancée bien parallèle entre plateau et premier disque d'embrayage. Le serrage final, relativement faible, doit se faire au couple. Attention, il s'agit généralement de petites vis de 6 mm en acier que l'on serre dans un filetage en aluminium, c'est sensible !

9 Remettez l'huile en suivant les prescriptions du constructeur. Retenez toutefois qu'après la période de rodage du nouvel embrayage, une vidange du moteur sera très appréciée.

Merci à Didier D'Aléo, www.darritek.com et Louis Moto

POUR STOPPER NET

Le système de freinage a su évoluer et progresser au fil des années, grâce à la compétition, pour passer des patins à un système assisté sans blocage. Le but ? Stopper efficacement des machines de plus en plus puissantes. Plusieurs opérations sont nécessaires pour qu'il délivre le meilleur de lui-même.

Pour cela, plusieurs éléments entrent en action. Le maître-cylindre, le levier, la durite, l'étrier avec ses plaquettes et le disque. Ce dernier, installé sur la roue, est chapeauté par l'étrier. L'action du levier comprime le liquide dans la durite qui pousse ensuite le(s) piston(s) de l'étrier. Ce(s) dernier(s) comprime (nt) les plaquettes sur le disque, opérant ainsi un ralentissement constant du fait de la friction.

Si le frein hydraulique remonte à 1885 et le frein à disque à 1902, il a fallu attendre 1958 pour que Dunlop le fasse évoluer pour la course auto avec Jaguar. 17 ans plus tard, il arrive en compétition moto sur la Benelli de Provini ou sur une Jawa 250 de cross, puis sur une 175 Lambretta et une Mondial 50 type Monneret. On le retrouve enfin sur une machine de série de grosse cylindrée, la Honda CB 750, en 1969, condamnant du même coup le frein à tambour, qui avait très vite suppléé les patins, héritage des premières bicyclettes. Il subsiste tout de même quelques systèmes à tambour, pour l'élément arrière, sur les motos de faible puissance. Si le freinage a évolué au fil des ans, le principe, lui, n'a pas changé, puisqu'il consiste à transformer l'énergie cinétique en énergie calorifique.

Si, pendant longtemps, les plaquettes de frein étaient constituées d'amiante notamment, ce n'est plus le cas désormais. Elles sont organiques (avec du Kevlar), ou en métal fritté. Les disques ont évolué au fil du temps. Ils sont percés, et si la fonte fut longtemps la matière principale, l'acier l'a remplacée petit à petit.

On notera que les disques en carbone sont uniquement utilisés en compétition, car ils nécessitent un temps de «chauffe» supérieur. Enfin, les durites peuvent être en caoutchouc, ou en nylon avec des fils d'acier tressés.

BERING

NIVEAU DIFFICULTÉ CONFIRMÉ

CHANGER LES PLAQUETTES DE FREIN AVANT EN 6 POINTS

- *Plaquettes neuves*
- *Produit nettoyant /dégrippant et chiffon*
- *Tournevis plat*
- *Pince ou serre-joint*
- *Clés BTR, Allen ou six pans de la taille requise*

Les plaquettes de frein doivent être surveillées et changées le plus régulièrement possible. Vous pouvez choisir de les remplacer par des plaquettes d'origine vendues par les concessionnaires de la marque de votre moto mais vous pouvez aussi opter pour des éléments différents développés pour une pratique spécifique, comme le circuit par exemple.

1 Les plaquettes sont les éléments du freinage qui s'usent le plus. Il faut donc les changer régulièrement. Retirez les goupilles (ou vis) et l'axe qui maintient les plaquettes en place. Ne le faites pas avec l'étrier dans la main, cela vous compliquerait la tâche. Ôtez la protection métallique pour pouvoir accéder aux plaquettes.

2 Démontez l'étrier de frein en dévissant les deux boulons qui le maintiennent à la fourche. Enlevez ensuite les plaquettes usées. On constate leur degré d'usure grâce à la fente tracée à l'intérieur.

3 Nettoyez les pistons et l'intérieur de l'étrier en pulvérisant un produit nettoyant qui n'attaque pas les joints. Frottez ensuite avec un chiffon propre.

4 Démontez le couvercle du maître-cylindre de frein en protégeant le tout avec un chiffon (si les vis sont coincées, pointez avec un marteau). Cela permet de repousser les pistons de l'étrier pour remonter les plaquettes neuves plus épaisses. Pour faire reculer les pistons sans les abîmer, utilisez un serre-joint ou une pince : une plaquette usagée d'un côté, un chiffon de l'autre. Sinon, replacez les anciennes plaquettes et faites levier avec un tournevis.

5 Placez les plaquettes neuves dans leur logement, et remettez l'axe et les goupilles en place. Enfilez l'étrier sur le disque et revissez les boulons avec une clé dynamométrique. Vous pouvez y ajouter un peu de frein filet. Revissez le couvercle du maître-cylindre en veillant à ne pas laisser entrer d'impuretés. N'oubliez pas la protection métallique.

6 Actionnez plusieurs fois le levier de frein avant pour recoller les plaquettes sur le disque et retrouver la puissance de freinage. Enfin, n'oubliez pas que des plaquettes neuves se rodent. Prudence donc pendant les premiers kilomètres.

NIVEAU CONFIRMÉ DIFFICULTÉ

PURGER LE LIQUIDE DE FREIN EN 4 ÉTAPES

Le liquide de frein subit de grandes variations de température, surtout si vous pratiquez le circuit par exemple. Avec le temps, il doit être changé en respectant la périodicité indiquée par les constructeurs (entre 2 et 4 ans) afin qu'il garde toutes ses qualités.

- *Du liquide de frein DOT 3, 4 ou 5 recommandé pour votre moto*
- *Tournevis cruciforme à la bonne taille*
- *Une clé plate de 8 ou 10*
- *Une durite souple et transparente du diamètre de la vis de purge*
- *Un récipient pour le vieux liquide*

1 Le liquide de frein s'altère avec le temps et perd de son efficacité. Il faut donc le changer régulièrement. Pour cela, commencez par protéger votre bocal avec un chiffon pour ne pas risquer d'écailler votre peinture en cas de fuite. Ôtez les vis du bocal de maître-cylindre de frein en prenant garde d'employer le bon tournevis car elles peuvent s'abîmer facilement. Si elles sont bloquées, un petit coup de marteau sur le dessus du tournevis peut vous aider. Retirez ensuite le joint délicatement et la protection. Vous avez maintenant directement accès au liquide de frein. Faites attention, car il est très corrosif.

2 Enlevez le capuchon de la vis de purge sur l'étrier et installez une durite en plastique transparent reliée à une bouteille en plastique. Placez la clé plate sur l'écrou avant de poser la durite, cela facilite l'ouverture et la fermeture de la vis.

③ Écrasez le levier de frein puis ouvrez la vis de purge à l'aide d'une clé plate. Du liquide usagé va sortir. Refermez la vis de purge avant de relâcher la pression, sinon de l'air risque d'entrer dans le circuit. Répétez l'opération, en ajoutant le produit neuf jusqu'à ce que du liquide propre sorte de la durite transparente. Assurez-vous qu'aucune bulle d'air ne s'échappe du tuyau et refermez la vis de purge pour de bon. Il ne vous reste plus qu'à ajuster le niveau de liquide et à replacer le joint et le couvercle du maître-cylindre. Si vous avez deux étriers, répétez la manœuvre pour le second.

④ À la fin de la purge, contrôlez le niveau de liquide à l'intérieur du maître-cylindre par le hublot.

NIVEAU CONFIRMÉ DIFFICULTÉ

CHANGER LES DISQUES DE FREIN DE VOTRE MOTO PAS À PAS

- *Un ou plusieurs disques neufs*
- *Du frein filet*
- *De la graisse*
- *Chandelles*
- *Des clés Allen, ou Torx pour démonter le disque*
- *Des clés anglaises ou à pipe*
- *Une grosse clé correspondant à votre axe de roue*

Les disques de frein s'usent, se creusent et même se voilent à cause des variations de température, de l'usure ou d'éléments de mauvaise facture. il faut donc les changer.

1 Les disques aussi s'usent. Ils se creusent et perdent en efficacité : il faut les changer. Pour cela, commencez par enlever les vis qui tiennent les disques. Elles sont souvent difficiles à dévisser. Vaporisez un peu de dégrippant. Puis demandez à quelqu'un de freiner pour bloquer la roue avant. Vous pouvez alors amorcer le dévissage. Au besoin, aidez-vous d'une rallonge métallique pour avoir plus de force.

2 Vous pouvez maintenant desserrer l'axe de roue. Commencez par les vis qui empêchent l'axe de bouger et qui se trouvent sur le pied de fourche. Dévissez ensuite l'axe proprement dit. Si le desserrage ne fonctionne pas à la main, faites-le au pied. Vous pouvez ensuite retirer l'axe. Si jamais vous éprouvez des difficultés à le sortir, vous pouvez utiliser un maillet. Pour le moment, ne le sortez pas complètement.

3 Si vous avez une béquille de stand avant, utilisez-la pour soulever la roue avant. Dans le cas contraire, il faut impérativement être à deux. Vous pouvez utiliser la béquille centrale (en vous servant d'une longue cale en bois positionnée sous le té de fourche une fois la roue avant enlevée, voir étape 4),ou des chandelles sous chaque pied de fourche. Le cric sous les collecteurs peut être une bonne solution si votre moto n'est pas carénée dans sa partie basse, mais pensez à intercaler une cale en bois entre le cric et les collecteurs.

4 Vous pouvez maintenant retirer l'axe en entier et enlever la roue. Si votre entraîneur de compteur est situé sur la roue avant, manipulez-le avec précaution.

5 La roue bien à plat, on peut retirer les vis qui tiennent le disque puis l'ôter complètement.

6 Replacez le nouveau disque sur la jante en faisant bien attention à son sens de montage s'il y en a un. Enduisez les vis de frein filet, sans exagérer, et revissez au couple préconisé. Procédez de la même manière pour le second disque si besoin.

7 Vous pouvez remonter la roue. Passez l'axe (enduit d'un peu de graisse) dans le pied de fourche, présentez la roue et poussez sur l'axe. Il ne vous reste plus qu'à revisser le tout. Si une personne peut vous aider, c'est mieux. Si vous avez utilisé des produits gras, ou que le disque est plein de cambouis, nettoyez-le avec un produit dégraissant. Vous n'avez plus qu'à faire attention pendant les premiers kilomètres.

NIVEAU CONFIRMÉ DIFFICULTÉ

INSTALLER DES DURITES «AVIATION» EN 7 ÉTAPES

- *Des durites aviation de la longueur requise*
- *Des clés à pipe de taille appropriée*
- *Une pince multiprise*
- *Un tournevis cruciforme*
- *Une clé dynamométrique*
- *Du nettoyant freins*
- *Une durite en plastique*
- *Une seringue*
- *Un chiffon propre*

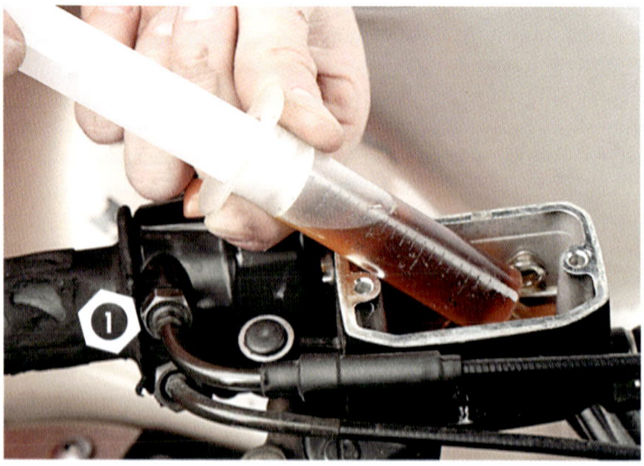

Les durites caoutchouc doivent être remplacées tous les 4 à 7 ans selon leur durée de vie : une bonne occasion de passer à des durites tressées de type « aviation ».

1 Pour gagner en efficacité, monter un jeu de durites aviation n'est pas une idée farfelue, bien au contraire. Commencez par démonter le couvercle du bocal de maître-cylindre et protégez le tour avec un chiffon. Puis utilisez une seringue pour vider le liquide.

2 Dévissez la durite de l'étrier sans que le liquide ne s'écoule. Retirez ensuite les vis qui tiennent l'étrier à la fourche. Vous pouvez maintenant dévisser complètement la durite et laisser le reste du liquide s'écouler.

3 Une fois les étriers démontés, profitez-en pour contrôler les plaquettes de frein, voire les changer complètement. Pulvérisez du nettoyant pour freins dans l'étrier et éliminez les saletés à l'aide d'un chiffon.

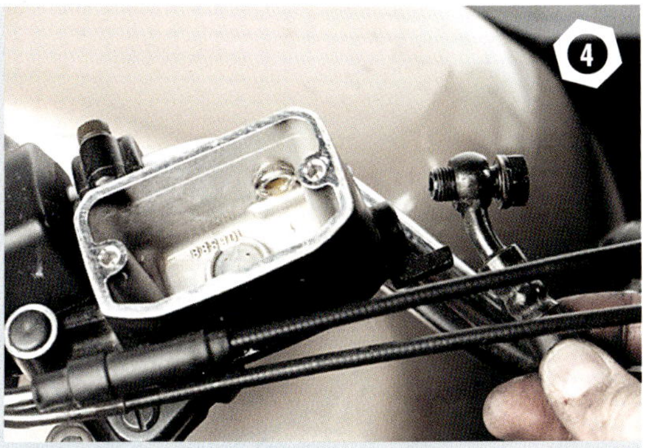

4 Étriers vides, dévissez la durite au niveau du maître-cylindre. Pour éviter des coulures, vous pouvez entourer le bout de la durite avec un chiffon avant de la retirer de la moto.

5 Munissez-vous des nouvelles durites. Certains modèles utilisent le cheminement d'origine avec les mêmes raccords, aux mêmes endroits. D'autres partent directement des étriers pour aller vers le maître-cylindre. Faites passer les durites là où se trouvaient celles d'origine. Utilisez la vis et les joints fournis (ne prenez en aucun cas les anciens joints) dans le kit et procédez de la manière suivante : un joint, un banjo, un joint. S'il y en a deux, mettez un joint, un banjo, un joint, un banjo, un joint et serrez le tout.

6 Remontez l'étrier de frein et fixez les durites au niveau des étriers. L'écrou se serre aussi à la clé dynamométrique. Vérifiez que les nouvelles durites ne frottent pas sur le carénage et qu'elles ne sont pas pincées lorsque l'on braque le guidon.

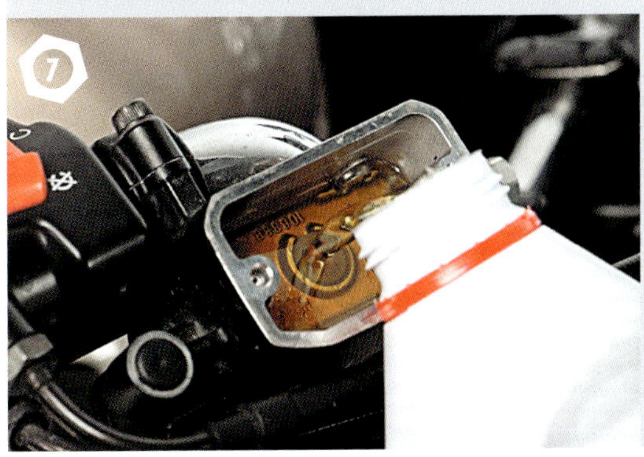

7 Remplissez le bocal de liquide de frein neuf et procédez comme pour une purge (voir page précédente). Étant donné qu'il n'y a pas de pression dans le système de freinage, la purge sera plus longue. Fermez ensuite le bocal en vérifiant son étanchéité. Un peu de liquide peut s'échapper. Essuyez-le.

RATTRAPER UN FILETAGE D'ALÉSAGE ARRACHÉ

- Perceuse
- Forets et tarauds spécifiques
- Filets rapportés de diamètres différents
- Guides d'insertion
- Tourne à gauche

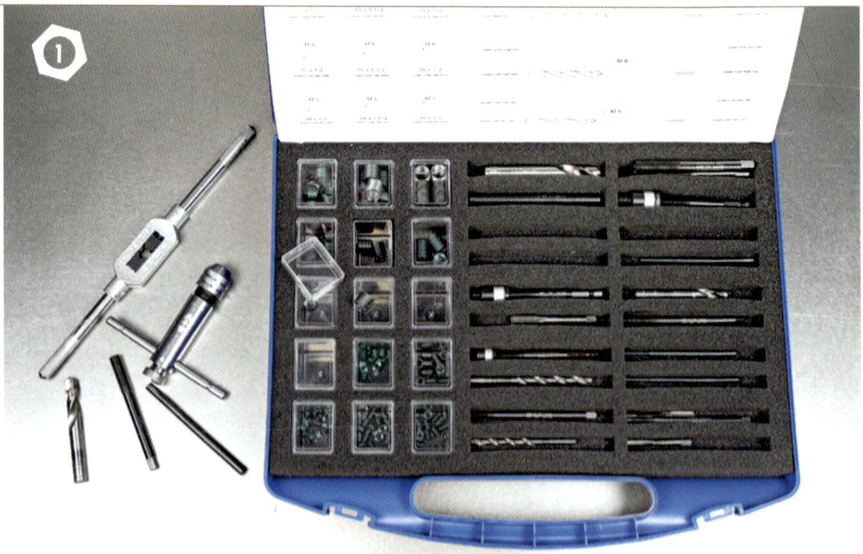

Il arrive parfois que le filetage réalisé dans l'aluminium de votre étrier de frein soit arraché. La cause est à chercher dans le serrage de la vis en acier correspondante qui a été réalisé de manière bien trop importante lors du serrage précédent. Pas de panique, nous allons réparer cela. Et pour éviter que cela ne se reproduise, respectez avant tout les couples de serrage.

1 Forets et tarauds spécifiques, filets rapportés de diamètres différents, guides d'insertion, tourne-à-gauche : voilà un coffret capable de vous sauver la mise ! Pour relever avec précision la taille du filet, une jauge à filet est recommandée.

2 Vilaine surprise au démontage, un filetage d'étrier est fichu. La vis en acier n'a pas souffert, elle sera réutilisable. Attention ! Nous sommes ici en présence d'un pas fin : 12 x 125.

3 Perçage minutieux avec le foret spécifique contenu dans le coffret de réparation.

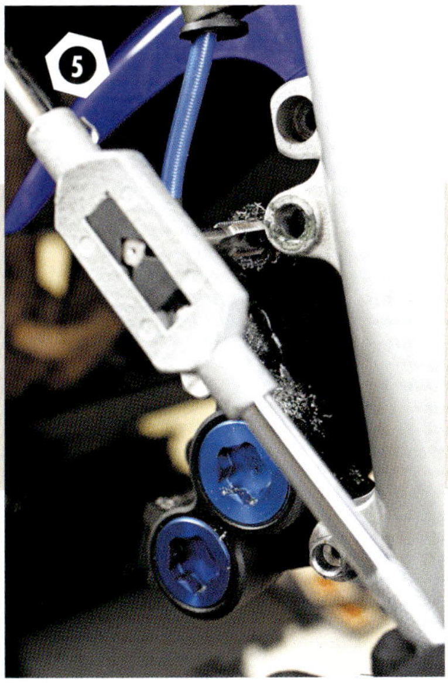

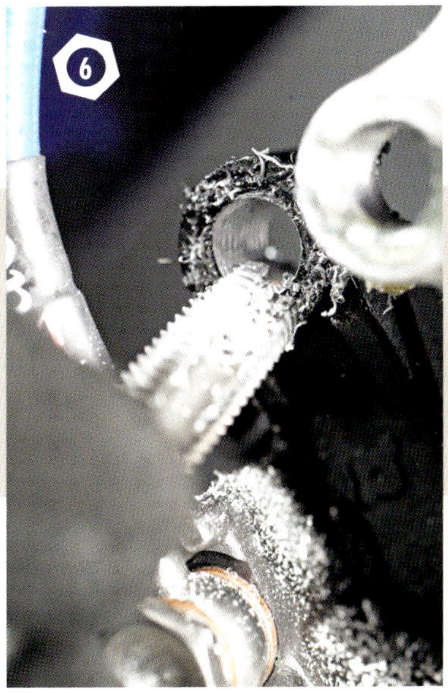

4 Alésage propre, et prêt à être fileté avant de recevoir le filet rapporté.

5 Réalisation d'un chanfrein d'entrée à l'aide d'une fraise dédiée.

6 Taraudage minutieux avec un tourne-à-gauche standard et le taraud 12 x 125 spécifique contenu dans le coffret de réparation.

7 Le taraudage est OK, il reste à faire disparaître les copeaux de la coupe.

8 Insertion du filet rapporté en 12 x 125, préalablement coupé à la bonne longueur.

Niveau difficulté : EXPERT

ENLEVER UNE VIS À L'EMPREINTE FATIGUÉE ET/OU ARRONDIE EN 4 ÉTAPES

- *Maillet*
- *Clé en T*
- *Pâte à roder*
- *Décapeur*
- *Poste à souder*
- *Perceuse et forets métal*

Un outil inadapté, une vis trop serrée et c'est l'empreinte qui s'arrondit. Des vis à têtes creuses peuvent également s'encrasser et du coup, l'outil ne pénètre pas suffisamment. Voici donc comment extraire une vis dont l'empreinte a été endommagée à cause d'un outil non approprié ou d'une manipulation maladroite. Avant de commencer l'opération, veillez à vous munir des vis de remplacement en bon état et des couples de serrage.

① Il faut toujours choquer une vis potentiellement collée au frein filet avant de tenter le desserrage. Si l'empreinte est cruciforme, l'outil d'une taille supérieure peut être la solution (bien choquer pour l'incruster dans l'empreinte). Vous pouvez aussi frapper de biais et perpendiculairement la tête de vis à l'aide d'un burin affûté pour recréer une zone de prise.

② Chauffer la tête de vis à l'aide d'un décapeur thermique permet de faire travailler la vis entière en dilatation dans son logement. Ceci ayant pour effet de décoller les contacts filets mâles-femelles et de brûler le vieux frein-filet.

3 Les micrograins présents dans la pâte à roder les sièges de soupapes viennent combler efficacement les espaces arrondis de l'empreinte d'une tête CHC. Genre de recette miracle dont on peut user et... abuser !

4 Dernière étape, qui imposera le perçage radial de la vis : le soudage d'une barre en position transversale sur tête de vis qui autorise un bon bras de levier tandis que la chauffe occasionnée aura permis de bien décoller les filets, brûler la rouille, la vieille graisse et le frein filet. Percer précisément la vis en dernier recours jusqu'à venir lécher le filetage de l'alésage (totalement fragilisée, la vis n'aura plus de serrage et pourra être retirée facilement).

Merci à Didier d'Aléo de chez Darritek et Damien Escartin pour le prêt de sa Yamaha YZF R6.

LE KIT CHAÎNE, LE LIEN CRÉE LE MOUVEMENT

Le kit chaîne est constitué du pignon, en sortie de boîte de vitesses, d'une chaîne de transmission et d'une couronne fixée sur la roue. L'ensemble permet de transmettre la force du moteur à la roue et donc, de mettre en mouvement la moto.

Le kit chaîne comprend trois éléments indissociables avec, en premier lieu, le pignon relié à la couronne par une chaîne. L'ensemble subit de grandes tensions. Le pignon a la forme d'une étoile avec plusieurs dents. Il est en acier et se fixe en sortie de boîte de vitesses pour transmettre la force du moteur. Plus le pignon est petit, plus les accélérations seront grandes. À l'inverse, un pignon plus grand va faire «tirer long» et favoriser la vitesse de pointe. À noter qu'une dent de pignon équivaut à 3,125 dents d'une couronne. Il est important de vérifier son usure qui se manifeste par des dents montées en pointe.

La chaîne à rouleaux (dont l'invention revient à Hans Renold en 1880, bien que Léonard de Vinci en ait produit des esquisses dès le XVIe siècle) est constituée de petits rouleaux qui tournent sur des axes, reliés entre eux par des maillons. Si la déperdition de puissance est quasi nulle du fait de l'absence de frottements, l'usure est plus rapide. Mais avec l'augmentation de la puissance, elle doit évoluer. Elle reste tout de même utilisée pour les vélos, les 50 cm^3 et quelques 125 cm^3.

Apparue à la fin des années 70, la chaîne à joints toriques (dite «O'ring» par sa forme en O) encaisse parfaitement les puissances alors en pleine augmentation. Les constructeurs insèrent un joint entre les axes et les plaques latérales des maillons. Une petite quantité de graisse est emprisonnée et permet à la chaîne de durer d'avantage. Bien entretenue, elle peut dépasser les 50000 km sans problème.

En revanche, il faut signaler que les frottements sont plus élevés, et du coup, la chaîne à joints toriques génère plus de déperdition. Ces dernières années, des chaînes à basse friction ont fait leur apparition avec un joint

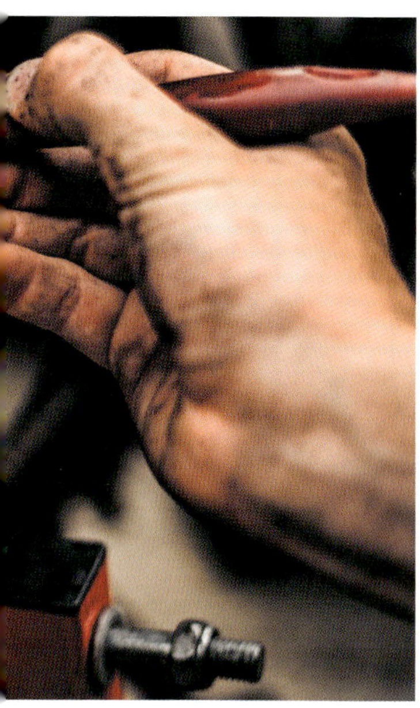

torique en X. Retenons que la chaîne encaisse plusieurs tonnes de pression, brave les éléments et se voit attaquer par du sable et des cailloux. L'ensemble de ces facteurs joue sur son usure, ce qui occasionne notamment les points durs et attaque les dents du pignon et de la couronne.

- La couronne est fixée sur la roue et l'entraîne. Son acier haute résistance encaisse plusieurs tonnes de pression exercée sur quelques dents seulement. Son usure se manifeste par une montée en pointe. Dans ce cas-là, il faut la changer pour éviter que la chaîne ne saute ou ne se casse. Il est possible de la modifier par rapport à l'origine. Il faut savoir qu'une couronne plus grande occasionne un surcroît de peps au détriment de la vitesse de pointe.

- L'entretien. Il est nécessaire, pour ne pas dire obligatoire, de bien prendre soin de son kit chaîne. Vérifier son graissage et sa tension permet d'avoir le moins de déperdition possible, de ne pas surconsommer de l'essence, et finalement, augmente son espérance de vie.

NIVEAU DÉBUTANT DIFFICULTÉ

ENTRETENIR LA CHAÎNE ET RÉALISER SA TENSION EN 5 ÉTAPES

- *Graisse en bombe, en tube ou en pot*
- *Nettoyant pour chaîne*
- *Une clé à pipe*
- *Une clé plate*
- *Une clé BTR*

Transmettre la puissance avec le moins de déperdition possible est tout l'enjeu ici. Soumis à la pluie, aux saletés, aux impuretés, le kit chaîne mérite un entretien soigné pour durer et préserver ses qualités.

1 Avant le graissage, il faut d'abord nettoyer. Pour cela, vous pouvez utiliser une bombe spécialement étudiée pour l'occasion, souvent munie d'une brosse qui permet de décoller les impuretés plus facilement. Autre solution moins onéreuse et tout aussi efficace : le pétrole désaromatisé. Disponible en grande surface ou dans les magasins de bricolage, il nettoie parfaitement la chaîne. Pour améliorer le rendu, procurez-vous un pulvérisateur : recyclez celui d'un nettoyant pour vitres, ou utilisez un pinceau.

2 Une fois que votre chaîne est propre, il faut la graisser. Vous pouvez le faire avec de la graisse en pot à l'aide d'un pinceau, d'une burette, ou d'une bombe aérosol. Si vous disposez d'une béquille centrale ou d'une béquille de stand, faites tourner la roue à la main (jamais moteur en marche), tout en vaporisant la graisse. Avec une béquille latérale, avancez la moto et graissez par étapes, jusqu'à ce que vous ayez fait le tour de la chaîne.

3 La tension de chaîne se mesure au débattement de celle-ci. Il doit être au minimum de 3 cm, mais ne jamais excéder les 5 cm. Faites des mesures à plusieurs endroits car la chaîne peut avoir un « faux rond », c'est-à-dire être plus tendue à certains endroits qu'à d'autres.

4 Si votre chaîne est détendue, desserrez l'axe de roue à l'aide d'une clé plate ou à pipe. Si vous n'y arrivez pas à la main, utilisez votre pied.

5 Pour régler la tension de la chaîne correctement, aidez-vous des repères. Vous pouvez également prendre un mètre. Si vous serrez trop d'un côté, la roue arrière sera de travers. Une fois la tension effectuée, resserrez l'axe de roue et le contre-écrou – si votre moto en est équipée.

LES DIFFÉRENTS SYSTÈMES

Pour ajuster la tension, plusieurs systèmes existent avec les principes de la roue poussée ou tirée. On trouve aussi des systèmes dits excentriques (photo de droite). Généralement, il faut dévisser une vis BTR ou des écrous. Vérifiez plusieurs fois, et à chaque serrage, l'alignement de la roue.

CHANGER SON KIT CHAÎNE EN 12 ÉTAPES

- *Un kit chaîne adapté*
- *Une massette*
- *Un dérive-chaîne (env. 145 €)*
- *Une pince multiprise*
- *Une clé à cliquet*
- *Une béquille d'atelier ou chandelles*
- *Un tournevis*
- *Un jeu de clés à pipe*
- *Un jeu de clés plates*
- *Un jeu de clés BTR*
- *Une disqueuse*
- *Un pied à coulisse*

Cette opération n'est pas à prendre à la légère puisqu'elle nécessite une bonne maîtrise de la mécanique et d'un outillage spécifique. Donc avant de vous lancer, soyez bien certain d'être capable de réaliser cette opération et d'avoir le matériel adéquat (liste ci-contre).

(1) Pour commencer, il faut trouver un lieu à la surface plane et propre, permettant de tourner autour de sa moto. Ensuite, si votre machine n'est pas équipée de béquille centrale, optez pour un modèle d'atelier, de préférence avec fourchette, qui offre une meilleure stabilité. Il suffit de serrer deux vis dans les pas de vis du bras oscillant si des roulettes spécifiques ne sont pas montées de série. Vous pouvez également prendre deux chandelles à mettre de chaque côté. Déballez le nouveau kit chaîne et vérifiez qu'il est complet.

(2) Démontez le carter de protection du pignon, enclenchez la première si vous n'avez pas de clé à choc et enlevez le sélecteur. Faites des repères pour que, lors du remontage, le sélecteur retrouve sa place initiale.

(3) Décollez les plaquettes de l'étrier arrière, démontez l'écrou principal de l'axe et sortez l'axe de roue. Il sera peut-être nécessaire de procéder au démontage de l'étrier. Il faut savoir aussi opérer un démontage complet pour gagner en confort par la suite. Glissez sous la roue une (ou des) cale(s) en bois. Cela facilitera le démontage et le remontage de la roue.

4 Installez le dérive-chaîne sur un maillon, puis tapez avec une massette (photo à gauche) afin de faire sortir les ergots. Quelques coups suffisent pour ouvrir la chaîne (photo à droite). Si vous ne souhaitez pas vous servir du dérive-chaîne pour cette opération, une disqueuse avec un disque acier pourra convenir, afin de meuler les ergots d'un des maillons.

5 Démontez l'ancien pignon en utilisant une clé à choc, une clé à pipe ou une clé à douille. Un bras de levier supplémentaire ne devrait pas être nécessaire. Vous pouvez d'ores et déjà mettre en place le nouveau pignon. L'idéal est de toujours placer les inscriptions qui figurent dessus face à soi.

6 Il est temps de sortir la roue arrière qui, normalement, ne doit pas tomber puisqu'elle est calée par les bouts de bois. Sortez le support de couronne de son logement et profitez de l'occasion pour vérifier les amortisseurs de couple. Ces derniers ne doivent être ni usés, ni craquelés. Si c'est le cas, changez-les.

7 Placez l'ancienne couronne dans un étau afin de la démonter. Nettoyez les écrous, puis remontez la nouvelle couronne sur le support en vous servant à nouveau de l'étau. Vous pouvez utiliser votre clé à choc sans l'insérer au maximum. N'utilisez pas de Loctite®, les écrous sont logiquement équipés d'une collerette frein. Avant de remonter le support sur la roue, appliquez un dégrippant : cela vous fera gagner du temps. Le plastique et l'acier accrochent l'un à l'autre.

8 La roue peut réintégrer son emplacement. Nettoyez et graissez l'axe si nécessaire avant de le remettre en place. Faites de même avec l'étrier si jamais vous l'avez démonté.

9 Utilisez le nouveau maillon libre pour relier l'ancienne et la nouvelle chaîne (photo gauche). Tirez ensuite sur l'ancienne pour mettre en place la nouvelle (photo droite). Cette opération facilite la mise en place et évite également de devoir glisser ses mains entre le cadre, le pignon et le bras oscillant. Une fois le nouvel élément installé, vous pouvez enlever le maillon et vous débarrasser de la vieille chaîne (dans une déchetterie, bien évidemment).

(10) Ramenez les tendeurs de chaîne (voir page précédente) à leur minimum. Logiquement, si vous avez un kit chaîne adapté à votre moto, la longueur de chaîne est calibrée sur l'élément d'origine. Si vous avez opté pour une nouvelle démultiplication (plus courte ou plus longue), il faudra soit ajouter, soit enlever des maillons. Vous pouvez en profiter pour serrer le pignon de sortie de boîte. Encore une fois, il n'est pas nécessaire de le faire avec force. Pensez au démontage dans quelques dizaines de milliers de kilomètres…

(11) Installez le dernier maillon, puis le dérive-chaîne. Ici encore, le but n'est pas de serrer comme une brute. Une simple pince multiprise suffit pour serrer l'embout du dérive-chaîne (photo gauche). Pour info, les pros s'aident d'un pied à coulisse pour mesurer la largeur des deux maillons avant et après celui qui est à riveter et ce, afin d'avoir une moyenne de l'écartement et serrer au plus juste. Cela évitera les points durs. La massette est à nouveau nécessaire pour mater les ergots des maillons. Tournez l'embout du dérive-chaîne d'un demi-tour et tapez à nouveau. Cette opération permet d'obtenir un rivetage parfait (photo droite).

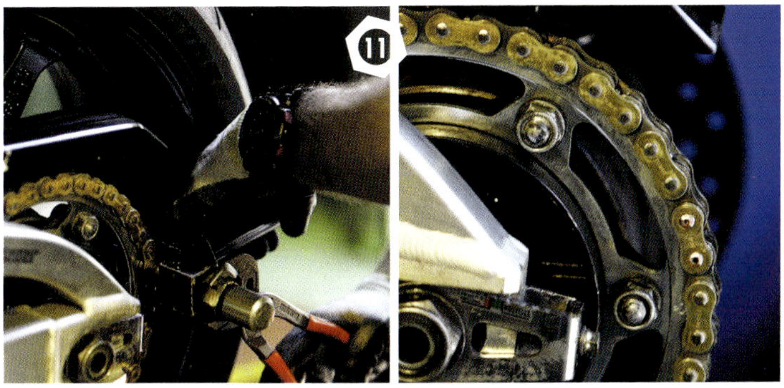

(12) Il est temps de retendre la chaîne. Vérifiez d'abord sa tension. Comptez trois centimètres de débattement, à répartition égale vers le haut et le bas pour que cela soit parfait. Pour retendre ou détendre, voir la page précédente dans laquelle cette opération est détaillée. Chez Honda, ils ont même prévu un marquage pour les nouveaux kits chaîne (photo du haut). Une fois l'opération effectuée, il est temps de serrer l'écrou de l'axe de roue (photo du bas). Pour cela, vous pouvez utiliser une clé dynamométrique en respectant le couple de serrage préconisé par le constructeur.

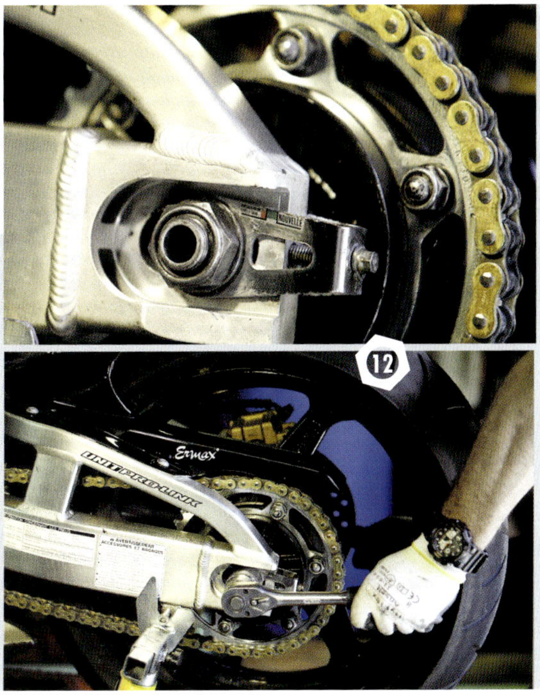

L'UNIQUE CONTACT AVEC LA ROUTE

Les pneumatiques assurent la liaison au sol et à ce titre, sont intimement liés aux questions de sécurité. Ils nécessitent un entretien régulier, peuvent être réparés ou changés. Mais pour cela, il convient de respecter certaines règles.

L'histoire du pneu démarre par la découverte du caoutchouc au XVIIIe siècle. Au fil du temps, le pneumatique n'a cessé d'évoluer pour s'adapter aux différentes contraintes des véhicules, eux aussi en perpétuelle évolution. Si la découverte des hévéas, au Pérou, remonte à 1736, 1832 marque un tournant grâce à Charles Goodyear et ses travaux sur la fixation du caoutchouc. C'est par hasard, en en faisant tomber un morceau traité au soufre sur une poêle, qu'il découvrira le phénomène de vulcanisation.

Mais il faudra attendre 1888 et John Boyd Dunlop pour que l'invention du pneumatique soit référencée. Ce vétérinaire de Belfast (Irlande), pour rendre plus confortable et moins bruyant le tricycle de son fils, remplace les roues en fer recouvertes d'une fine bande de caoutchouc par des modèles en bois. Sur ces derniers, il fixe du caoutchouc qu'il enferme dans une enveloppe de toile de coton. Ensuite, il gonfle l'ensemble à l'aide d'une pompe pour ballon de foot. Le pneu est né.

Un an plus tard, Édouard Michelin rejoint l'usine spécialisée dans la production de caoutchouc pour le machinisme agricole et découvre par hasard une bicyclette équipée de pneus, mais crevés. Il s'attelle à la tâche et met plus de trois heures pour démonter et réparer les pneus du vélo appartenant à un touriste anglais. Il se penche sur le problème et décide de travailler sur la conception de pneus démontables.

Quelques mois plus tard, le pneumatique démontable en un quart d'heure sort de l'usine Michelin. En 1890, le pneu à tringle et le pneu à talon font leurs apparitions. Huit ans plus tard, le Bibendum Michelin est créé. C'est à la vue d'un tas de pneus de différentes dimensions qu'Édouard Michelin aura l'idée de créer ce bonhomme, symbole de la firme française.

En 1899, Pirelli lance son 1er pneu pour motocycle avec un talon de forme rectangulaire. Continental invente le modèle à sculpture en 1904. Michelin dépose ensuite, en 1930, le brevet du pneu à chambre à air incorporé (ancêtre du tubeless). Sept ans plus tard, le manufacturier français crée le pneu avec une carcasse en acier, puis en 1946, celui à carcasse radiale.

En 1954, c'est au tour de Goodyear de créer le pneu tubeless, sans chambre à air. En 1973, le slick fait son apparition avec le Daytona de Goodyear. En 1978, Honda sort la première moto de série, la 1000 CBX, équipée de pneus «tubeless». De son côté, Metzeler, qui se consacre exclusivement à la moto, développe, en 1982, sa carcasse avec plis transversaux par opposition aux plis longitudinaux habituels. Deux ans plus tard, Michelin lance le pneu radial sur une moto de compétition.

En 1985, Bridgestone sort le bigomme au Japon avec le BT-12, doté du procédé SACT (pour Straight and Cornering Technology). Ce dernier arrive deux ans plus tard en Europe avec le BT-17 S. Cette même année, les pneus à carcasse radiale sont utilisés sur les motos de série, et Metzeler lance le premier pneu contenant de la silice. La marque introduit en 1992 le premier pneu arrière radial avec ceinture acier 0° pour moto. Depuis cette date, bon nombre d'améliorations ont été apportées par les manufacturiers à leurs gammes respectives, mais les grands principes restent les mêmes.

NIVEAU DÉBUTANT DIFFICULTÉ

LES 4 RÈGLES D'OR POUR PRENDRE SOIN DE SES PNEUS

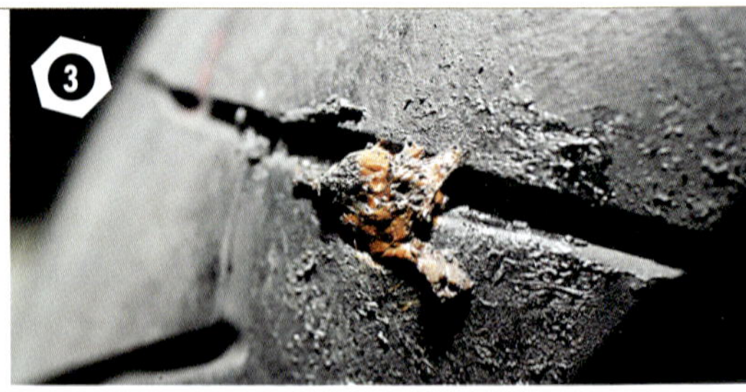

1 LA PRESSION

La première règle incontournable concernant les pneumatiques concerne la vérification de la pression. En effet, il faut savoir que la pression de gonflage est un facteur essentiel pour l'efficacité des pneumatiques, pour garantir leur longévité mais aussi pour consommer moins d'essence. Rouler avec une mauvaise pression (supérieure ou inférieure à celle préconisée) réduit le kilométrage, la stabilité, le confort, la sécurité et l'adhérence. Pour relever efficacement la pression des pneumatiques, il faut effectuer cette mesure à froid. Généralement, la bonne pression est indiquée dans le manuel de l'utilisateur du véhicule. Ces valeurs peuvent également être indiquées par un autocollant apposé directement sur la moto (bras oscillant, réservoir, dessous de selle...). Sur circuit, vous pouvez descendre légèrement la pression de l'arrière. Mais attention car cette opération, si elle augmente le grip, accélérera l'usure du pneu. Pour faire la pression, rien de plus simple : positionnez les valves, tête en bas, insérez le tuyau d'air et servez-vous du manomètre pour relever la mesure en bar. Ajoutez de l'air ou enlevez-en en fonction de la valeur mesurée et celle voulue. Attention à bien remettre les bouchons, ils sont également garants de l'étanchéité.

2 L'USURE À SURVEILLER

Vouloir emmener son pneu jusqu'à la corde peut avoir des conséquences graves. Le pneu peut facilement éclater au contact d'un objet quelconque. Pour en surveiller l'usure, n'attendez pas de voir apparaître la toile. Glisser une simple pièce de monnaie de 1 € dans les sculptures permet de connaître l'état avancé de l'usure du pneu. Si vous voyez excessivement la bande jaune, c'est qu'il est trop tard. Certaines marques possèdent également des témoins d'usure. De petites bandes de couleur sont intégrées dans l'intérieur de la sculpture. Si vous ne les voyez plus, c'est que le pneu est usé. Enfin, sachez que rouler avec un pneu usagé est passible d'une amende de 4e classe (soit 135 €) et de l'immobilisation du véhicule.

3 EFFECTUER UNE RÉPARATION

Réparer un pneu est une opération de mécanique ! Intervenez donc le moins possible et faites confiance aux professionnels. Vous pouvez toutefois utiliser une bombe anticrevaison ou un kit de réparation avec mèches pour vous permettre de rallier un concessionnaire. Mais pour réparer un pneu, il faut absolument le démonter afin de vérifier l'absence de corps étrangers ou de lésions sur la carcasse engendrées par un roulage à plat par exemple. Et n'utilisez surtout pas de chambre à air. Le Tubeless est déjà équipé d'une couche imperméable faisant office de chambre à air. En mettre une en plus reviendrait à introduire un corps étranger à l'intérieur du pneumatique, ce qui entraînerait des risques d'échauffement de ce dernier.

4 CHANGER SES PNEUS

Vous pouvez changer vos pneumatiques vous-même. Mais l'opération nécessite du matériel spécifique, comme une équilibreuse. Le mieux est donc de s'adresser à des professionnels. Pour changer de pneumatique, il convient de respecter l'homologation de votre moto. Celle-ci est homologuée avec une (et une seule) dimension, sauf cas exceptionnel prévu par le constructeur. Changer la taille peut certes apporter un design différent ou un meilleur feeling, mais votre moto ne sera plus conforme aux indices de charge ou de vitesse, ce qui peut entraîner un problème avec votre assurance en cas d'accident. En revanche, il est possible de monter des pneus de marques différentes à l'avant et à l'arrière. Mais il est toutefois préférable de monter deux modèles de même référence, les manufacturiers développant un train de pneumatiques dans son ensemble. Enfin, quand vous changez, ou faites changer, votre pneu, il faut absolument remplacer les valves. Car ces dernières risquent de devenir poreuses et donc de faire perdre de la pression ou de laisser entrer des corps étrangers à l'intérieur du pneumatique.

DÉCRYPTAGE D'UN PNEU

« 190/55 R 17 » :
- Largeur en mm/rapport hauteur sur largeur de section (R pour Radial, D pour diagonale)/diamètre intérieur de la jante en pouces.
- Rappel : 1 pouce = 25,4 mm.

E4 75 R 0001825 :
- « E » indique l'homologation suivant la directive 92/93/CEE. Sans ce marquage, un pneu ne peut être monté dans l'Union européenne.
- « 4 » indique le pays qui l'a homologué.
- « 75 R » correspond à la réglementation des pneus moto.
- « 0001825 » est le numéro d'approbation du pays concerné.

DOT ENYO VLK 4407 :
- « DOT » : departement of transportation.
- « EN » : code de l'usine.
- « YO » : code de la dimension du pneu.
- « VLK » : code de spécification propre à chaque manufacturier.
- « 4402 » : date de fabrication, ici la 44e semaine de 2002. Grâce à cette carte, on peut ainsi, en cas de problème, remonter à l'origine du pneu.

Apparaissent aussi : le pays de fabrication et le code de l'usine. « Tread & Sidewalk » est précédé d'un numéro qui correspond à la composition de la carcasse. La flèche indique le sens de rotation. M/C pour « Motorcycle ».

« 58 W » :
- 58 est l'indice de charge, correspondant ici à 236 kg maximum.
- W est l'indice de vitesse (voir tableau ci-dessous).

E 70	N 140	H 210
F 80	P 150	V 240
G 90	Q 160	Z .... > 240
J 100	R 170	W 270
K 110	S 180	(W) > 270
L 120	T 190	Y 300
M 130	U 200	

RÉGLAGES ET OPTIMISATIONS

Les suspensions sont indissociables des motos modernes. Elles absorbent les chocs, permettent de tenir le cap et sont parfois réglables. Mais attention, un tour de vis peut avoir de sérieuses conséquences sur la conduite.

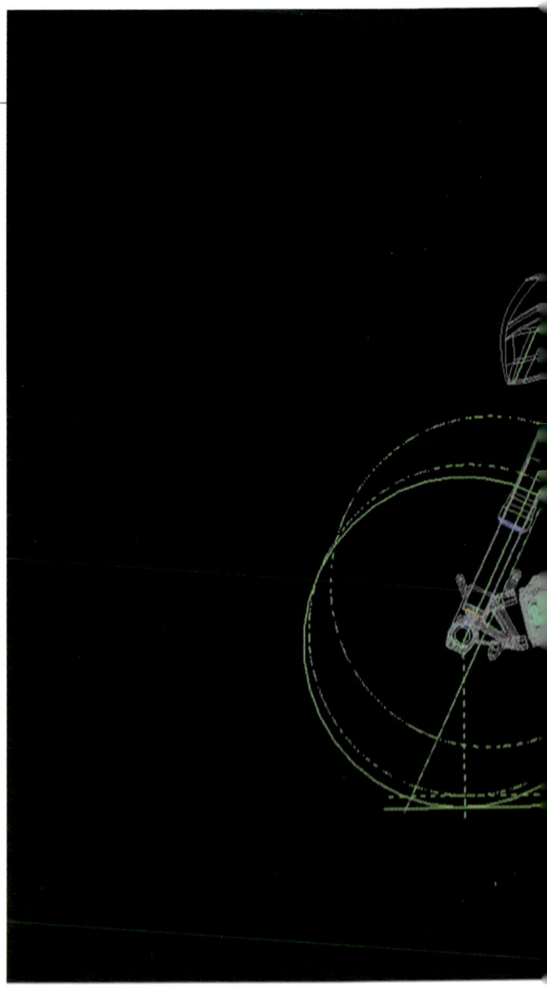

Si, au début de l'industrie motocycliste, les pilotes se sont tout bonnement passés de suspensions, les systèmes d'amortissement se sont rapidement imposés. Dès 1906, Magnat Debon propose une fourche télescopique. À partir de 1924, la fourche à parallélogramme fait son apparition et perdure jusque dans les années 40. En 1939, BMW amorce un premier virage avec son système télescopique dont le principe reste le même 70 ans plus tard.

Ainsi, la fourche est en charge de deux fonctions majeures : le guidage et l'amortissement. Elle est montée tournante autour du cadre et est indissociable de la roue et du guidon. Elle est composée de deux tubes et deux fourreaux qui constituent le corps de l'élément et assurent le guidage du train avant alors que l'amortissement est régi par les différents ressorts et la viscosité de l'huile.

Pour l'amortisseur, pendant longtemps là aussi, les conducteurs se sont passés d'éléments avec des suspensions dites rigides. Deux ressorts sous la selle faisant parfois office de «tampons» pour amortir les petits chocs. À partir des années 20, le système cantilever ancré sur le moteur avec un amortisseur fait son apparition.

Plusieurs évolutions viendront ensuite avant la banalisation de la suspension avec les amortisseurs hydrauliques dans les années 50 et la démocratisation des bras oscillants. Pour maîtriser les mouvements oscillants du bras et de sa roue, il est nécessaire de positionner un (ou des) combiné(s) amortisseur(s) entre le bras et la partie-cycle. Il existe deux solutions : le double et le monoamortisseur. Les deux combinés amortisseurs (ressort et hydraulique) sont disposés de part et d'autre de la roue entre le bras (au-dessus de l'axe de roue) et le bâti arrière de cadre. Le monoamortisseur apporte confort et progressivité grâce à ses biellettes de renvoi entre cadre, bras et amortisseur.

La majorité des suspensions utilisent une combinaison huile et ressorts acier quand d'autres font confiance à un système de ressorts pneumatiques. Sur ce point, l'approche technique est différente, mais l'objectif reste identique (le ressort à air n'offre toutefois pas de progressivité constante et puisque l'air est comprimé, le système se montre sensible aux variations de température, avec au final, un rendement moins constant qu'un système classique à ressorts en acier. Sans parler du risque de fuite qui peut vous laisser à plat au bord de la route...).

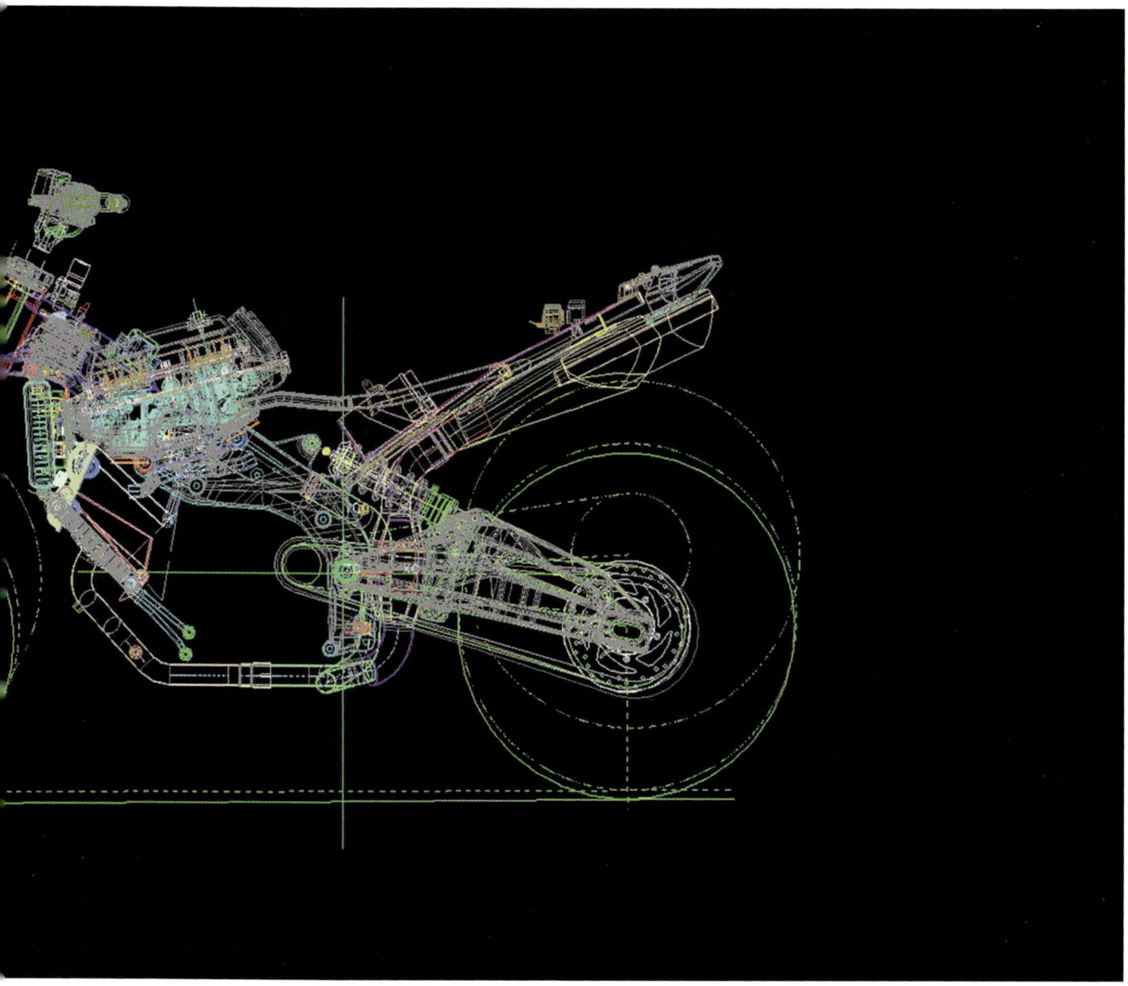

Bref, à l'un comme à l'autre de ces systèmes, on demande d'assurer la meilleure liaison au sol possible des trains roulants. Le ressort (mécanique ou pneumatique, donc) impose aux éléments suspendus (les roues) de prendre place en butée de débattement des suspensions et de chercher à y retourner entre deux mouvements d'enfoncement. Du moins en théorie, car le poids de la moto et de son pilote les contraint en compression plus ou moins élevée. La vitesse de déplacement de l'élément de suspension (qui coulisse au moyen d'un tube mâle dans un tube femelle) est contrôlée par un fluide (l'huile), forcé de parcourir des orifices calibrés.

Contrôler cette vitesse de déplacement est capital puisque c'est elle qui dicte les réactions à la partie-cycle. Trop peu freinée, la moto flotte sur ses suspensions et devient floue. Les transferts de masse provoquent alors une sensation de mal de mer, modifient brutalement la géométrie et handicapent la précision de pilotage. Trop freinée, la moto se fige. Le confort se dégrade et des réactions brutales se manifestent à la moindre petite irrégularité, jusqu'à causer de sévères guidonnages. Une mauvaise combinaison ou de mauvais réglages peuvent entraîner des contraintes importantes sur les pneus et provoquer une usure irrégulière.

Notez enfin que la fourche renferme des pièces d'usure particulièrement sollicitées qui nécessitent un entretien suivi de préférence par un pro. Quant à l'amortisseur, il convient, le cas échéant, de le remplacer purement et simplement.

NIVEAU INTERMÉDIAIRE DIFFICULTÉ

LES 4 PRINCIPES POUR RÉGLER LES SUSPENSIONS

- *Un tournevis*
- *Clé spécifique*
- *Clé Allen*
- *Clé en T*

1 TESTEZ VOS SUSPENSIONS

Tenez votre moto par l'arrière (par les poignées passager par exemple) et écrasez-la de tout votre poids. Relâchez (tout en la maintenant) et observez la réaction. Elle doit revenir à sa position initiale sans à-coups, ni oscillation, ou vitesse excessive. Pour la fourche, asseyez-vous sur la selle et appuyez sur le guidon en mettant tout votre poids sur l'avant. Elle doit revenir de manière homogène sans remonter. Enfin, testez l'ensemble, toujours en étant sur la selle et en appuyant des deux mains sur la base du réservoir. L'avant et l'arrière doivent s'écraser simultanément. En fonction de la moto, vous pouvez avoir accès à trois réglages : la compression, la détente et la précontrainte. La première correspond à la vitesse à laquelle l'amortisseur s'enfonce. La détente se définit par la vitesse de remontée après la compression. La précontrainte (ou précharge) est, de son côté, définie par le tarage du ressort pour permettre à la moto de garder la même hauteur.

2 TROUVEZ «LE BON RESSORT»

Trouver «le bon ressort» (le bon tarage en fait) est la mission première du pilote de course. En usage routier, on se contente d'adapter la bonne précharge pour jouir des performances de sa machine. La précharge sert à modifier l'assiette de la moto. Plus on «précontraint», plus la moto remonte. Attention cependant à conserver une légère course morte lorsque la moto remonte de son propre poids sur ses suspensions. Avec l'âge et les kilomètres, le ressort s'avachit. La moto se tasse et semble de plus en plus molle. Si vous contrez cette souplesse en durcissant l'hydraulique, la suspension ne reprendra plus assez vite sa position initiale entre deux bosses et finira par se figer sur sa fin de course. Là, la situation

peut devenir critique. Et puis étant «assise» sur l'arrière, votre monture se retrouve avec une géométrie pénalisant sa vivacité. Il est donc impératif de maintenir une précharge idéale en positionnant la machine bien droite sur ses roues. Là, vous soulagez l'arrière jusqu'à arriver en butée de détente. La course réalisée ici se nomme «course morte».

Une course de 5 cm maximum est une valeur correcte en règle générale. Si elle est supérieure, il est nécessaire de précontraindre le ressort. Concernant la fourche, il est important de garder une course morte qui doit être égale à 40 % du débattement de la fourche.

3 OPTIMISEZ LA COMPRESSION

Concernant le circuit de compression, un système double gérant les hautes et basses vitesses de déplacement permet d'affiner encore plus le réglage (présent généralement sur les amortisseurs de motos sportives). En effet, les chocs à absorber ne sont pas tous de même fréquence. La fermeté souhaitée lors d'une grosse accélération en appui est totalement différente de celle nécessaire pour encaisser un choc violent (passage sur vibreur ou nid-de-poule). Le réglage de compression se situe sur le pied de fourche. Pour la compression, dévissez la vis qui se situe sur la tête de fourche en totalité. Revissez à fond en comptant le nombre de clics. Dévissez de moitié (le réglage d'usine normalement), puis affinez en fonction des besoins.

4 RÉGLEZ LA DÉTENTE HYDRAULIQUE

Le réglage de détente hydraulique se fait sur le bouchon de fourche ou sur la bonbonne de l'amortisseur. Notez les données de départ (repérez la position du ressort et comptez le nombre de clics allant de la position initiale à la position la plus fermée) et toutes les modifications que vous effectuez pour revenir au départ en cas de fausse route. Plus la détente et la compression seront serrées, plus la moto sera vive, rigide, inconfortable. À l'inverse, la moto sera molle, louvoiera...

CAS PARTICULIER : LE DUO

Le fait d'emmener un passager change considérablement la donne. D'autant que le poids de ce dernier est un facteur déterminant. Pour le duo, il est généralement recommandé de « précharger » davantage (1 tour de ressort) et de freiner légèrement l'hydraulique (2 clics maxi).

NIVEAU DÉBUTANT DIFFICULTÉ

CHANGER DES COMBINÉS AMORTISSEURS EN 7 POINTS

- *Clé à douille*
- *Clé Allen*
- *Clé plate*
- *Graisse*
- *Clé dynamométrique*
- *Dégrippant*
- *Cric*

Les combinés amortisseurs d'une moto ancienne ou néo-rétro, même s'ils offrent une assez grande résistance au temps, méritent tout de même d'être remplacés en cas de fuite ou de pompage intempestif afin de conserver un bon amortissement.

1 Si votre moto est équipée d'une béquille centrale, mettez-la dessus. Sinon, il faudra la caler au plus droit, soit à l'aide d'un cric de voiture ou de chandelles.

2 Munissez-vous d'un dégrippant, appliquez-le sur toutes les parties à dévisser et laisser agir quelques minutes. Pendant ce temps, munissez-vous d'un cric en plus et trouvez un point d'ancrage sous le bras oscillant. Montez le cric de manière à comprimer les amortisseurs.

3 Avec une clé à pipe, à cliquet, voire à œil, au bon diamètre évidemment, dévisser les écrous de quelques tours en commençant par ceux du bas, puis ceux du haut. Puis dévissez entièrement l'écrou du bas de l'un des deux amortisseurs, puis celui du haut. Sortez alors le premier amortisseur usagé.

④ Après avoir nettoyé les vis, ou après avoir changé celles-ci, appliquez de la graisse sur ces dernières. Mettez le cric un peu plus en tension, puis procédez au montage de l'élément amortisseur neuf en commençant par la vis du haut, puis celle du bas.

⑤ Recommencez l'opération sur le second amortisseur en graissant les vis, même neuves, puis en serrant avec les clés au bon diamètre.

⑥ Munissez-vous de la clé dynamométrique afin de serrer au couple comme le préconise la revue technique et/ou la notice des nouveaux systèmes.

⑦ Logiquement, les éléments sont réglés sur un format standard. Mais un premier galop d'essai vous incitera peut-être à opérer quelques réglages. Prenez des repères avant de commencer à régler, de manière à revenir facilement au réglage initial.

NIVEAU DÉBUTANT DIFFICULTÉ

RÉGLEZ LES COMMANDES DE VOTRE MOTO EN 4 ÉTAPES

- *De la graisse*
- *Clés BTR, Allen ou six pans*
- *Un chiffon propre*
- *Des tournevis en fonction des démontages requis*

Pour être à l'aise sur sa moto et prendre la route sereinement, il faut que les commandes tombent idéalement sous les mains et les pieds.

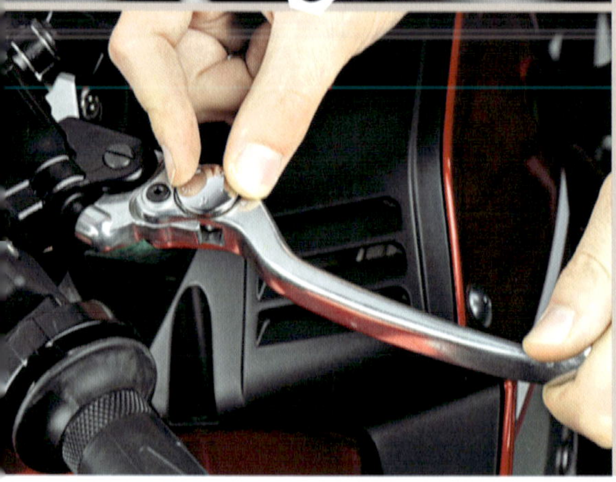

① La garde des câbles de gaz se règle sous la poignée. Retirez le contre-écrou et ajustez la garde de la poignée à votre convenance. Resserrez ensuite le tout pour conserver ce réglage. Attention, il faut toujours qu'il y ait une petite rotation à vide avant que la moto n'accélère. Sans cela, elle risque d'accélérer toute seule lorsqu'on tourne le guidon à gauche ou à droite. Dans le cas contraire, trop de garde peut gêner la conduite et peut même empêcher les papillons de gaz de s'ouvrir totalement.

② Les commandes sont réglées en usine pour s'adapter au plus grand nombre de motards. Si vous souhaitez baisser ou remonter vos leviers, il faut faire tourner la cocotte. Dévissez-la légèrement pour pouvoir la tourner et ajustez les leviers à votre convenance. Pour revenir à un réglage d'origine, aidez-vous du poinçon sur le guidon. En resserrant, forcez suffisamment pour que rien ne bouge, mais pas à fond. Lors d'une chute, cela peut sauver votre levier. Si vos leviers en sont équipés (comme ici), vous pouvez aussi régler l'écartement en fonction de la taille de vos mains ou de vos préférences.

3 Pour les pédales, les deux systèmes se ressemblent. Pour une pédale de frein qui actionne un frein hydraulique (la grande majorité des motos actuelles), il faut dévisser le contre-écrou qui se situe en bas de la tige qui met le liquide sous pression. Il suffit ensuite de régler la hauteur qui convient. Pour que le réglage soit bon, il ne faut pas avoir besoin de lever le pied pour appuyer sur la pédale.

4 La garde du levier d'un embrayage à câble s'ajuste en tournant la molette dans un sens ou dans l'autre en fonction de ce que l'on désire. Généralement, il faut au moins 3 mm de garde (avant que le câble ne se tende). Mais il n'en faut pas trop non plus, sinon il sera impossible de débrayer totalement, ce qui rend le maniement de la boîte de vitesses désagréable.

PROTÉGEZ-VOUS DU VOL

Le vol est l'un des fléaux majeurs pour les motards. Pour protéger sa moto, il existe de nombreuses solutions qui vont agir comme un agent dissuasif pour faire fuir les malfrats. Tour d'horizon des différentes techniques de prévention.

regroupées dans le GEMA (Groupement des entreprises mutuelles d'assurances). Ainsi, le référencement SRA d'un antivol est attribué pour une durée limitée de trois ans renouvelable. Un numéro d'identification de lot de production devient obligatoire sur chaque antivol, et un audit de processus doit être réalisé annuellement chez tous les fabricants pour contrôle de conformité.

D'après l'Observatoire national de la délinquance et des réponses pénales (ONDRP), 44000 vols liés aux 2-roues ont été constatés par la police et la gendarmerie en 2018 (selon les derniers chiffres officiels), soit 1 vol toutes les 13 minutes. Une réelle baisse par rapport au début des années 2010. Le vol des 2-roues représente près de 10 % des vols de véhicules à moteur.

Pour se protéger, il existe plusieurs moyens avec, en premier lieu, les systèmes antivols mécaniques qui doivent répondre à un certain cahier des charges. Désormais validé et reconnu par 100 % des assureurs, le protocole de classement des antivols de deux-roues a évolué en 2017 au profit du SRA (Sécurité et réparation automobiles). Cette certification est établie par une association loi 1901 regroupant les entreprises d'assurances membres de la FFSA (Fédération française des sociétés d'assurances) et celles

À noter que le label SRA certifie également certains systèmes en première monte sur les motos, comme les encodages ou les barillets de clé de démarrage, et couvre également les gravages de pièces quasi obligatoires, sans oublier les alarmes. Le SRA a donc établi un cahier des charges avec l'aide des fabricants et des assureurs notamment, pour certifier les produits finis. L'UTAC (Union technique de l'automobile, du motocycle et du cycle), basée à l'autodrome de Linas-Montlhéry, réalise des tests de traction, de cisaillage, de frappe et de corrosion. Ils mettent également «en situation» le sciage manuel, le perçage, le crochetage, la rotation en force, la torsion avec barre à mine.

Le CNPP (laboratoire indépendant expert en prévention et en maîtrise des risques) et leurs spécialistes, réalisent de leurs côtés certains de ces tests. Bien que ces derniers soient réalisés dans des conditions optimales, ils tendent à démontrer l'effet dissuasif d'un système de protection.

On peut juste regretter qu'un essai de disqueuse ne soit pas effectué lors de ces sessions, quand on sait que cette méthode est l'une des plus prisées des voleurs. Encore apposée sur certains antivols, la norme NF-FFMC (pour «norme française» et «Fédération française des motards en colère») dépendait de l'AFAQ-AFNOR Certification, groupe indépendant assurant les certifications qualité des entreprises demandant un label. Elle a vu le jour en 1997 sous l'impulsion du CNPA (Conseil national des professionnels de l'auto). L'AFNOR avait décidé d'une norme (voir les normes NF 29-001 et NF 29-010) pour définir les règles précises de résistance, comme les moyens de réaliser ces tests.

De même, ils procédaient à des contrôles qualité en allant directement dans les concessions prendre des échantillons afin de vérifier qu'il n'y avait pas de dégradation du produit dans le temps, une fois les labels obtenus. L'AFNOR certifiait également la fabrication en contrôlant régulièrement les usines des constructeurs. Si vous trouvez un antivol avec cette norme ou si vous en possédez un, pas de panique, il assure encore le travail et sa reconnaissance n'est pas obsolète aux yeux de votre assureur.

NIVEAU DÉBUTANT DIFFICULTÉ

8 RÈGLES D'OR POUR BIEN SE PROTÉGER

1 Le bloque-disque est un système qui, comme son nom l'indique, permet de bloquer le disque de frein. Il empêche ainsi la roue de tourner. En revanche, il n'offre pas la possibilité d'attacher votre moto à un point fixe. Si les bloque-disques peuvent prétendre à la certification SRA, ils étaient exclus de la norme AFNOR (voir page précédente). Ce type de système est pratique car il ne prend pas trop de place à ranger et n'est pas très lourd. En revanche, il faut impérativement penser à l'enlever sous peine de chute au moment du démarrage. Certains systèmes proposent un pense-bête sous la forme d'un cordon de couleur vive reliant le bloque-disque à la poignée de gaz.

2 Les antivols comme les U et les chaînes peuvent prétendre aussi bien à la certification SRA qu'à la norme AFNOR. Plus encombrants, plus lourds, ils offrent la possibilité de s'attacher à un point fixe, dissuadant les enlèvements rapides. Il en existe de toutes les tailles, de tous les diamètres, certains disposent de systèmes avec des clés spécifiques (dotés d'une petite lumière, bien pratique au moment d'enlever son antivol dans une zone peu éclairée), et même d'alarme détectant les mouvements.

3 Les alarmes peuvent être montées d'origine par le constructeur en les prenant en option, ou en optant après-coup pour un système spécifique vendu par des spécialistes. Dans le premier, et surtout dans le second cas, le montage doit être sans défauts dans les câblages et les connexions. Si une alarme a un effet dissuasif avéré, un système qui a tendance à se déclencher trop souvent sera contre-productif. Attention aussi à la batterie à laquelle il est relié et qu'il peut mettre à plat. Le SRA s'occupe également de lister les systèmes adéquats sur *www.sra.asso.fr*

4 Les systèmes de traçage ont le vent en poupe puisqu'ils permettent de suivre votre véhicule par une balise GPS. Ce traçage s'opère via le système, et la société qui le commercialise signale ensuite aux forces de police le point de chute. Seul hic à ça, il ne marche pas en sous-sol. Du coup, si un véhicule est volé et y est caché rapidement, le système est inopérant.

5 Les systèmes connectés sont de plus en plus répandus. L'antivol ou l'alarme sont reliés à votre smartphone et vous signalent un mouvement intempestif. Mais, comme pour le traçage (n°4), ils sont inopérants dans certains sous-sols sans connexion, et l'abonnement est assez coûteux. Si l'effet peut être dissuasif, attention à ne pas chercher à intervenir soi-même au risque de se faire agresser.

6 Les systèmes antidémarrage et les clés dématérialisées sont une bonne option, notamment dans les cas de bike-jacking (agression pour voler votre deux-roues à un stop par exemple). Le véhicule ne pouvant plus rouler au bout de quelques mètres.

7 Les systèmes de gravage sont quasiment toujours demandés par les assureurs. Si ce procédé n'empêche en aucun cas le vol, il offre la possibilité de retrouver les pièces quand elles sont revendues au marché noir… en France. Cela permet parfois de faire tomber des réseaux organisés.

8 Au final, retenez qu'il faut systématiquement actionner le Neimann, acheter des antivols aux normes, préférer un U à un bloque-disque, attacher sa moto à un point fixe, même pour quelques minutes et même dans son garage, privilégier les zones de parking surveillées et éclairées. Plus vous ajouterez de systèmes d'antivol, plus vous allez ralentir une opération qui, par principe, doit être très rapide. Pour connaître toutes les marques et tous les modèles répondant aux labels SRA, vous pouvez vous rendre sur le site *www.sra.asso.fr*, mais aussi sur celui de votre assureur (actuel ou futur).

NIVEAU DÉBUTANT DIFFICULTÉ

INSTALLER UN ANNEAU D'ANCRAGE

- *Perceuse à percussion*
- *Mèche à béton de ø 8 et 16*
- *Crayon et équerre*
- *Aspirateur*
- *Clé Allen*
- *Clé dynamométrique*
- *Tournevis*

Vous possédez un garage ou une place de parking ? Installer un anneau d'ancrage pour antivol vous offrira un point sécurisé pour attacher votre antivol en toute quiétude et évitera les enlèvements rapides par les voleurs.

1 Pour commencer, positionnez la base de l'anneau à une distance proche du mur mais pas accolé non plus. Une quarantaine de centimètres sont suffisants. Tracez des repères afin de retrouver votre emplacement après le perçage.

2 À l'aide de votre perceuse à percussion, percez le premier trou de la série des quatre nécessaires. Pour les plus aguerris vous pouvez attaquer avec le foret de 16 mm. Si vous êtes moins à l'aise optez pour un trou au foret de 8 mm dans un premier temps. Faites les deux premiers trous en diagonale (haut gauche et bas droite) puis repositionnez la base afin de réajuster les repères de perçage pour les 2 derniers trous.

3 Aspirez toute la poussière autour et surtout dans les trous. Il en reste fatalement dedans, ce qui pourrait gêner la suite des opérations.

4 Positionnez les chevilles spécifiques fournies avec l'anneau. Si elles ne sont pas livrées avec, optez pour des chevilles à scellement chimique.

5 Dans un premier temps, insérez les vis fournies avec les chevilles une à une dans leur logement sans pour autant serrer en force. Puis munissez- vous d'une clé dynamométrique afin de serrer au couple préconisé par le fabricant.

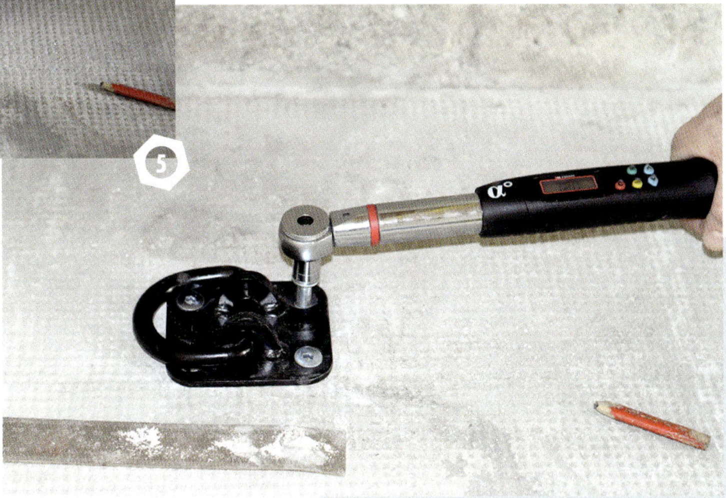

6 Installez les petites billes fournies dans les têtes de vis. Cette opération permet d'éviter ensuite le démontage du système. Attention, soyez sûr de l'opération, car ensuite il est très difficile de revenir en arrière (s'il n'y a pas de bille, il est possible de foirer les vis !) Repositionnez le cache final à l'aide du tournevis.

7 Il ne reste plus qu'à attacher votre antivol à votre anneau. Si vous ne souhaitez pas le mettre au sol, il est également possible de l'installer à un mur. Mais attention, tout dépend du type de support. Le type parpaing creux est à éviter car il est facile à casser.

RÉPARATIONS ET PRÉVENTION

Lorsque l'on chute avec sa moto, il est rare que cette dernière ne soit pas abîmée. Leviers, guidon, poignées, carters ou pédales (sélecteur et frein) sont les premiers à trinquer. Nous vous expliquons comment remplacer ces éléments.

Une chute, à l'arrêt ou en roulant, a des conséquences immédiates sur les parties les plus exposées de votre moto. Leviers, sélecteur, carter moteur, etc. sont les premières pièces à trinquer. À cause d'un bras de levier important, le guidon peut se tordre, même sur une chute à très basse vitesse. Et vu que tous ces organes sont indispensables à la bonne conduite, il convient de les changer dans les plus brefs délais.

Pour cela, vous pouvez vous tourner vers de la pièce d'origine, vendue exclusivement chez les revendeurs agréés de la marque. L'avantage de cette première solution est que la moto garde son aspect «sortie d'usine» et à la revente, vous pourrez taire cette petite chute (enfin seulement si c'était à l'arrêt). Seul écueil, les prix sont parfois élevés.

La deuxième solution consiste à se tourner vers la pièce adaptable, vendue chez les commerçants ou sur des sites Internet. Les prix sont moins élevés, mais vérifiez bien que la pièce est parfaitement adaptée à votre moto.

Troisième solution : le marché de la pièce d'occasion va vous permettre de trouver des organes de remplacement à moindre prix. Vous devrez toutefois vérifier la compatibilité avec votre moto (d'une année sur l'autre, pour un modèle équivalent, certaines pièces sont modifiées) et surtout leur bon fonctionnement.

Dernière solution, la pièce d'optimisation, plus chère, mais plus performante ou esthétiquement plus jolie.

Enfin, pour ne pas subir ce type de désagrément, vous pouvez opter pour des systèmes de protection et de renfort, dont le rôle est d'amortir la chute et d'éviter que les pièces citées ci-dessus soient au contact du sol.

NIVEAU DÉBUTANT DIFFICULTÉ

CHANGER UN LEVIER DE COMMANDE

HYDRAULIQUE

- *Un tournevis*
- *Une pince*
- *De la graisse*
- *Un chiffon*
- *Une clé à douilles pour dévisser les leviers*

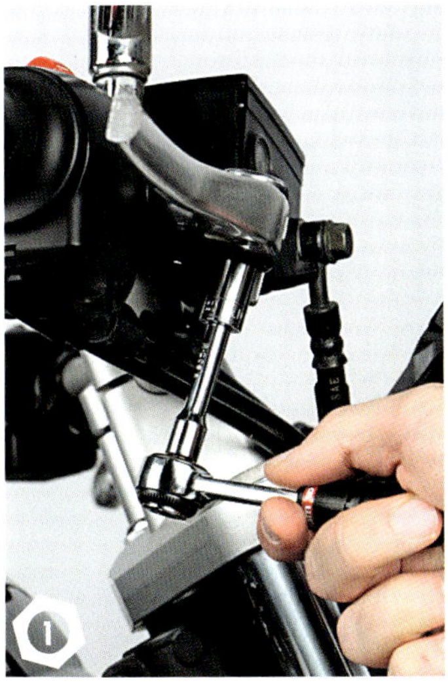

1 Le levier de frein avec commande hydraulique est l'élément le plus simple à remplacer puisqu'il n'y a aucun câble à retirer. Commencez par ôter la vis qui retient le levier au maître-cylindre. Il ne reste plus qu'à sortir le levier en faisant attention de ne rien abîmer au niveau du maître-cylindre. Maintenant que tout est démonté, contrôlez l'état du téton poussoir et du contacteur de frein avant. Nettoyez si besoin.

2 On enfile ensuite le nouveau levier au même endroit en faisant rentrer le levier dans le téton poussoir. Avant de remettre la vis, un peu de graisse sur le filetage ne fera pas de mal. Graissez aussi le levier au niveau de la fixation. Une fois que tout est revissé, vous pouvez régler votre levier à l'aide de la molette s'il y en a une.

À CABLES

1 Il faut commencer par mettre un maximum de garde en vissant la molette de réglage. Cela facilite le démontage. Démontez le levier en retirant la vis. Grâce à cela, vous pouvez maintenant retirer le câble d'embrayage. Pour que le démontage soit plus facile, assurez-vous que l'ouverture de la molette de réglage de la garde soit alignée avec celle du levier (ce qui n'est pas le cas sur la photo).

2 Prenez le nouveau levier d'embrayage, repassez le câble à l'intérieur à l'aide d'une pince (attention à ne pas blesser le câble). Profitez du fait que le câble soit visible pour le graisser. Enfilez l'axe graissé dans le nouveau levier et repositionnez le tout. Il ne reste plus qu'à revisser.

3 Terminez par le réglage de la garde du levier d'embrayage préconisé pour votre moto.

NIVEAU DÉBUTANT DIFFICULTÉ

REMPLACER SON GUIDON EN 9 ÉTAPES

- *Clés Allen, BTR, à pipe*
- *Tournevis plats et cruciformes*
- *Une pince*
- *De la graisse*
- *Du dégrippant et de la colle*

1 Commencez par enlever les embouts de guidon. Retirez ensuite les commodos. Les vis se trouvent généralement dessous. En le retirant, faites attention à ne pas arracher les fils qui se trouvent à l'intérieur et prenez garde de ne rien perdre. En effet, certaines pièces peuvent tomber lorsqu'on ouvre le commodo en deux. Revissez-le dans le vide. Cela vous évitera de l'abîmer et de perdre la visserie.

2 Faites de même du côté de la poignée de gaz. Retirez le commodo, détendez les câbles de gaz (le réglage se trouve sous le commodo) et retirez-les de leur logement. Faites coulisser la poignée le long du guidon et revissez le commodo comme à l'étape précédente.

3 Démontez la cocotte qui maintient le levier d'embrayage. De l'autre côté, faites de même avec celle qui maintient le maître-cylindre de frein. Ne le laissez pas pendre, posez-le au niveau du tableau de bord en prenant garde de ne pas le rayer. Vous pouvez également improviser une fixation à l'aide d'un peu de fil ou de câble (attention aux rayures !).

4 Dernier élément, généralement un peu coriace : la poignée gauche. Lorsqu'elle est collée au guidon, il faut la retirer à l'aide d'un tournevis plat. Cela peut prendre un peu de temps, allez-y progressivement, inutile de transpercer le caoutchouc en voulant gagner 30 secondes.

5 Maintenant que le guidon est « vide », on va pouvoir entamer le démontage proprement dit. Retirez les caches plastique à l'aide d'un petit tournevis plat. Vous pouvez ensuite dévisser les pontets et enlever le guidon. Repositionnez le nouveau guidon, centrez-le à l'aide des repères et revissez modérément. Remontez les pontets dans le bon sens grâce à la flèche inscrite dessus.

6 Il faut maintenant remonter tous les éléments dans le sens inverse. D'abord la poignée gauche, avec une pointe de colle pour qu'elle ne bouge pas. Ajoutez ensuite le commodo gauche. Un trou dans le guidon et un téton sur le plastique du commodo évitent qu'il ne tourne sur lui-même. Une fois qu'il est correctement positionné, revissez le tout. Puisque l'on se trouve à gauche, remettez en place la cocotte d'embrayage. Revissez-la suffisamment pour qu'il n'y ait pas de jeu, mais sans exagérer. En cas de chute, elle tournera au lieu de casser le levier.

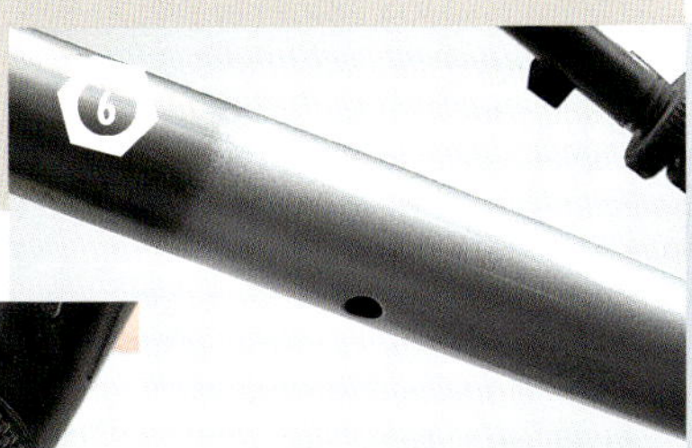

7 Enfilez la poignée de gaz. Remontez le commodo droit en faisant bien attention au passage des câbles. Profitez-en pour vérifier leur état et leur appliquer un peu de graisse, vous retrouverez ainsi une poignée plus douce à actionner. Remettez les câbles dans leur logement et emboîtez le commodo. Si vous utilisez une pince, maniez-la avec délicatesse pour ne pas effilocher le câble ou le couper en deux. Après avoir tout revissé, réglez les câbles de gaz et assurez-vous que la poignée revient bien en place. Il doit rester un léger jeu au niveau de la poignée pour éviter que la moto accélère toute seule quand on tourne le guidon.

8 On repositionne ensuite le maître-cylindre sur la moto. Comme pour l'embrayage, serrez sans exagération, cela épargnera peut-être votre levier.

9 Remettez les embouts de guidon, actionnez les commodos droit et gauche pour vérifier que le démarreur et l'éclairage fonctionnent correctement. Desserrez légèrement les vis du guidon et réglez-le à votre guise. Lorsque la position vous convient, replacez d'abord les deux vis du haut, puis celles situées en bas du té, sans forcer.

NIVEAU DÉBUTANT DIFFICULTÉ

CHANGER UN CARTER MOTEUR PAS À PAS

- *Un carter neuf*
- *Un chiffon*
- *Un joint de carter neuf*
- *De la pâte à joint*
- *Une brosse laiton*
- *Des clés Allen, BTR ou six pans en fonction des vis du carter*

1 Il s'agit ici d'un carter côté allumage. Commencez par vidanger votre moto (voir fiche n° 4, page 58) si votre alternateur baigne dans l'huile. Dans le cas contraire, la vidange est inutile. Dévissez chaque vis qui tient le carter. Lorsqu'elles sont toutes retirées, il est parfois nécessaire de tapoter (légèrement !) sur le carter pour décoller le joint.

2 Vous pouvez ensuite sortir le carter. Il faut forcer un peu à cause du puissant aimant qui compose l'alternateur. Voici ce que l'on obtient une fois le carter démonté. Retirez la bobine fixée au carter et la patte de fixation des fils.

3 Remontez le tout sur le nouveau carter en faisant attention au cheminement des fils. Les vis de la bobine se serrent au couple, assez fort. Profitez-en pour mettre un peu de frein filet pour éliminer tout risque de dévissage. Nettoyez le plan de joint sur le moteur. En fonction de l'âge de la moto et de la qualité du joint, il peut rester plus au moins de résidus. Certains partent très facilement, d'autres pas. Si vous rencontrez des difficultés, munissez-vous d'une brosse laiton, disponible dans les magasins de bricolage.

4 Prenez un joint neuf, préalablement enduit de pâte à joint adaptée (à acheter en concessions ou dans les centres auto). Enduisez également de cette pâte le passage des câbles, qui ressort sur la partie haute du carter, et remontez le tout. Un carter se visse très légèrement (1 kg à la clé dynamo), faites-le à la main avec un huitième de tour de plus à l'aide d'une clé classique. Idéalement, les vis se serrent « en étoile ». Commencez par une vis située en haut, continuez avec celle qui lui est opposée, enchaînez avec celle de droite puis de gauche. Recommencez avec une vis à côté en haut, puis à côté en bas, et ainsi de suite.

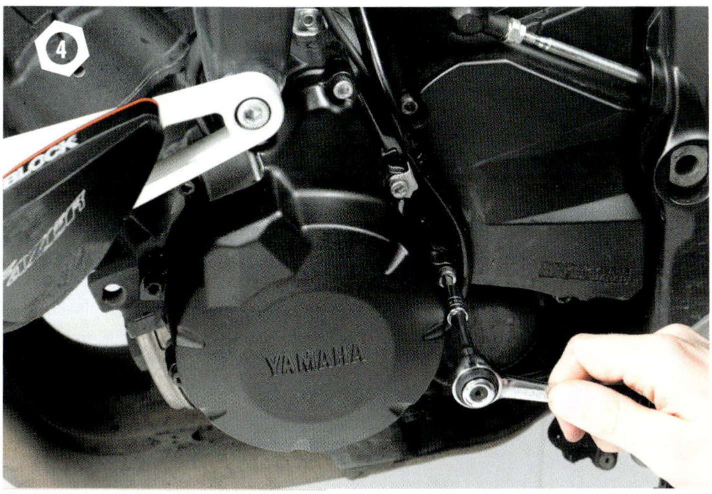

5 Laissez le temps au silicone de parfaire l'étanchéité (le temps nécessaire est indiqué sur le tube). Nettoyez bien le nouveau carter ainsi que le plan de joint. Une fois que vous avez remis de l'huile dans le carter, démarrez la moto et vérifiez qu'il n'y a pas de fuite. Contrôlez votre niveau d'huile et complétez au besoin.

REMPLACER UN SÉLECTEUR ET LE RÉGLER EN 6 OPÉRATIONS

- *Une clé plate*
- *Une clé à pipe*
- *Une pince à circlip*
- *De la graisse*

1 Sur les motos de grande série, on distingue trois types de sélecteur. Le premier est directement fixé sur un axe relié à la boîte de vitesses (ici en photo). Le sélecteur se prend dans les cannelures de l'axe, à l'aide d'une vis. Pour le remplacer, il suffit de le dévisser et de le retirer. Si le réglage ne vous convient pas, il suffit de le sortir et de le repositionner plus haut ou plus bas en fonction de vos goûts.

2 Les deux autres types de sélecteur font appel à une biellette et un renvoi. Le sélecteur proprement dit peut être fixé au niveau du repose-pied ou du moteur.

3 Pour le démontage du sélecteur abîmé, on commence par dévisser les deux écrous de chaque côté de la tige métallique (photo de gauche). Il suffit ensuite de dévisser pour retirer cette dernière (le filetage est normal à une extrémité et inversé à l'autre).

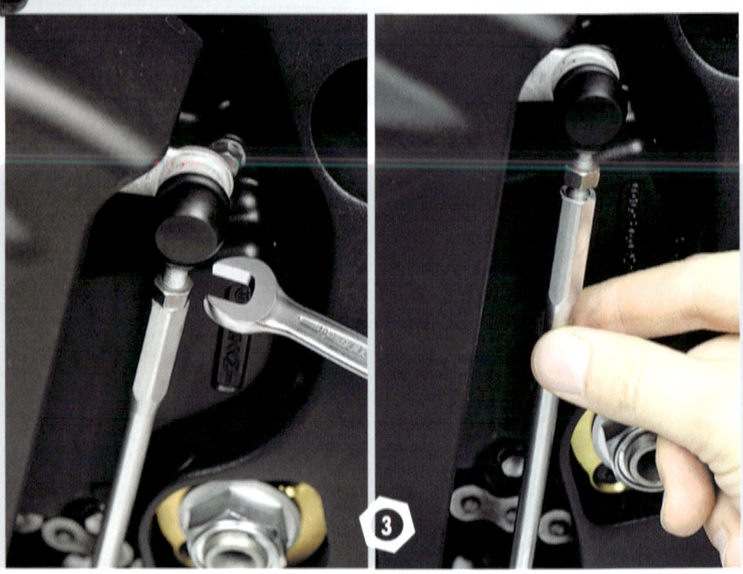

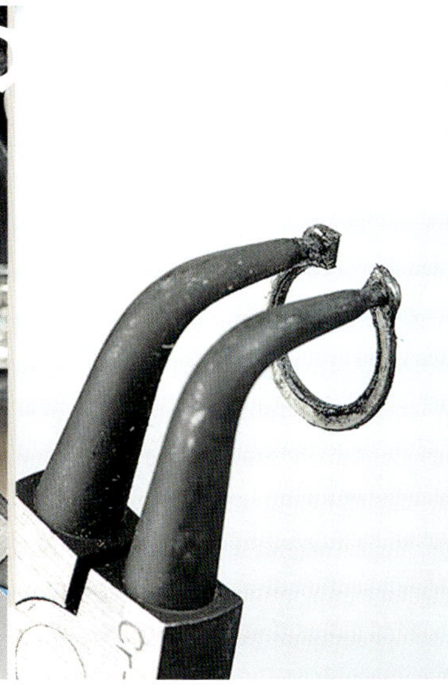

4 Il faut retirer le sélecteur proprement dit. Sur notre moto (une Suzuki GSX-R 1000), il faut retirer un circlip (photo de gauche). La fixation peut être différente en fonction des modèles de moto. Munissez-vous d'une pince appropriée. Faites-le avec soin pour ne pas le déformer ou le casser.

5 Vous pouvez retirer le sélecteur abîmé. Récupérez la rondelle (photo de gauche). Vous pouvez maintenant mettre le nouveau à la même place avec sa rondelle et son circlip. Graissez le sélecteur neuf au niveau de sa fixation pour que le passage des rapports se fasse correctement.

6 Il ne reste plus qu'à revisser la biellette des deux côtés. En vissant ou en dévissant, vous faites varier la hauteur du sélecteur. Montez sur la moto et réglez-le à votre convenance. Une fois que le réglage vous convient, vous n'avez plus qu'à revisser les deux écrous.

NIVEAU DÉBUTANT DIFFICULTÉ

MONTER DES PATINS DE PROTECTION PAS À PAS

- *Clés Allen*
- *Clés plates*
- *Clés à pipe*
- *Cliquet*
- *Clé dynamométrique*

1 Placez votre machine sur la béquille centrale, sur des chandelles ou sur la latérale. Dans l'idéal, prévoyez assez de place pour pouvoir tourner autour. Regroupez tous les outils nécessaires au démontage-remontage, le kit et la notice de montage, et cette fiche pratique.

2 Commencez par le côté gauche. Après avoir démonté le cache style de cadre en plastique (1 vis), l'écope latérale (3 vis) et le klaxon (un écrou), démontez la platine support moteur. Elle ne vous servira plus, vous pouvez la mettre sur l'étagère dans le garage.

3 Installez le support fourni en lieu et place du support moteur. Vérifiez son maintien avec les deux vis M8 d'origine (couple de serrage : 19 Nm) et finissez sa fixation avec la vis d'origine du support moteur (couple de serrage : 35 Nm). Au préalable, vous y aurez présenté l'entretoise, ajustée grâce aux rondelles mises à disposition afin de minimiser le jeu entre l'entretoise et la surface usinée sur le bloc moteur. À titre indicatif, nous n'en avons utilisé qu'une seule. Vous pouvez fixer le klaxon et l'agrafe du câble sur la patte soudée, prévue à cet effet.

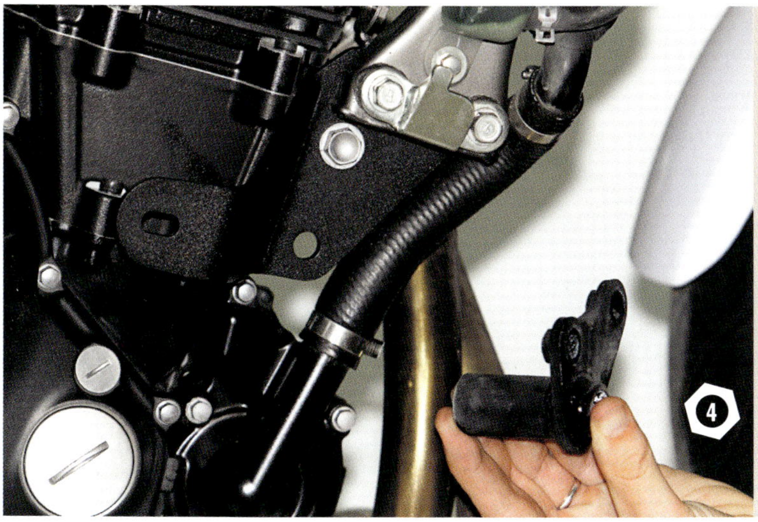

4 Vous pouvez à présent procéder au montage des deux patins de protection sur la platine. Cette dernière viendra se fixer sur le support installé à l'étape 3. Rien de bien méchant si ce n'est qu'il ne faut pas oublier de mettre en place la vis M10 de longueur 70 avant de fixer le plus gros des deux patins.

5 Vous pouvez maintenant accoster l'ensemble platine/patins sur le support. Fixer le tout avec la vis M8 / longueur 25 + rondelle, serrée à 19 Nm et enfin, la vis M10 (déjà en place sur la platine) + écrou frein + rondelle + entretoise. Cet ensemble devra être ajusté au couple de 34 Nm.

6 Le kit patins de protection est monté. Il ne vous reste plus qu'à replacer l'écope du radiateur et la protection plastique de cadre pour achever le travail côté gauche.

COMMENT PRÉPARER SA MOTO POUR LE CIRCUIT

Avant de parcourir la piste avec votre moto, il convient de prendre quelques précautions pour se conformer aux règles de pilotage sur circuit et minimiser ainsi les conséquences d'une chute due à un excès d'optimisme.

Avant d'arpenter tout circuit avec votre monture, nous vous conseillons plusieurs vérifications et/ou modifications, ainsi que l'ajout de certaines pièces de protection. Sur les sportives, l'amortisseur d'origine est la plupart du temps de bonne qualité et réglable en précharge, détente et contrainte. Cherchez les bons réglages en jouant avec la double bague ou la molette située sur la bombonne externe. Si votre amortisseur d'origine n'est pas réglable ou accuse le poids des ans, n'hésitez pas à le changer pour un adaptable de meilleure facture.

Enfin, avant de vous lancer, vérifiez bien l'état des tubes de fourche (pas de fuite, joints spi, etc.). Vous pouvez opter pour une vidange des tubes et l'utilisation d'une huile plus visqueuse afin de raffermir la suspension. Les plus fortunés d'entre vous pourront même se pencher sur l'achat d'un élément adaptable de haute qualité, siglé par l'un des manufacturiers de renom du secteur (Öhlins, Sachs, Marzocchi, etc.), et réglable en tous sens.

Côté freinage, des étriers performants sont indispensables. Préférez les éléments à montage radial, gages d'une meilleure puissance et qui sont devenus un standard sur les motos sportives. Si vous souhaitez changer l'équipement plus classique de votre roadster, pensez à vérifier la taille des étriers que vous allez acheter, notamment au niveau de leurs fixa-

tions, afin de vous assurer que vous pourrez les monter. L'utilisation de plaquettes «sport» contribue à améliorer le freinage.

- Même constat pour le levier de frein que pour celui d'embrayage. N'oubliez pas également que la qualité du maître-cylindre conditionne en partie la finesse du dosage et la progressivité de votre freinage. Un élément d'origine sur un roadster gagnera à être troqué contre un autre plus haut de gamme.

- La pose de durites tressées, dites de type «aviation», doit être l'une des premières choses à faire sur votre future moto de piste. Elles sont la garantie d'un freinage endurant et constant, contrairement à des durites en caoutchouc classiques qui peuvent se déformer sous l'effet de la chaleur.

- Leur durée de vie est, en plus, supérieure. Si elles sont indispensables à l'avant, leur utilisation reste utile, mais moins capitale à l'arrière. Enfin, il faut veiller à protéger les pièces susceptibles de subir des chocs lors d'une éventuelle chute. Bras oscillant, carter moteur et cadre souffriront moins grâce à l'ajout d'un élément enrobé de carbone ou de Kevlar. Les roulettes de protection sont indispensables. Elles vous éviteront de casser leviers et sélecteur lors de chutes à l'arrêt (mauvaise manipulation de la béquille de stand, déchargement du camion, etc.) ou à faible vitesse. À des allures plus élevées, elles contribuent à protéger le cadre et les carters.

NIVEAU DÉBUTANT DIFFICULTÉ

LES 9 RÈGLES À CONNAÎTRE AVANT DE PRENDRE LA PISTE

- *Pince à freiner*
- *Fil de fer*
- *Outillage de base*

1 Nous vous conseillons de changer les carénages d'origine pour des éléments polys. Ils se fixent à l'aide de ces attaches « quart de tour ». Soulevez la languette, un quart de tour, et l'attache est fixée ou détachée. Rien de plus simple ni de plus rapide pour habiller et déshabiller la moto pour ses phases d'entretien.

2 Si vous souhaitez faire de la compétition, il faudra penser à prévoir un emplacement pour fixer le transpondeur. Ici, il est monté sur la platine de fixation du pot d'échappement, mais vous pouvez choisir de la placer ailleurs : sous la selle, dans la coque arrière, sous un carénage latéral, etc. D'une manière générale, préférez un endroit facile d'accès.

3 Sur piste, vous devrez respecter une certaine limite de décibels mais vous pourrez utiliser des échappements non homologués pour la route. Vous pouvez ne remplacer que le silencieux ou l'ensemble de la ligne. Quoi qu'il en soit, n'oubliez pas qu'une modification de l'échappement nécessite de nouveaux réglages moteur (cartographie, injection, boîte à air, etc.) afin de constater un réel gain de puissance. La pose d'une bague « collier » à l'extrémité de l'échappement peut aider à le protéger en cas de chute.

4 Voici à quoi ressemble un tableau de bord « piste ». À l'affichage classique de la sportive est adjoint ici un chronomètre Alfano. Le dispositif est onéreux et d'autres types de chronomètre peuvent être préférés. Si votre moto n'est pas équipée d'un indicateur de rapport engagé, il existe des modules externes que vous pouvez monter par vous-même.

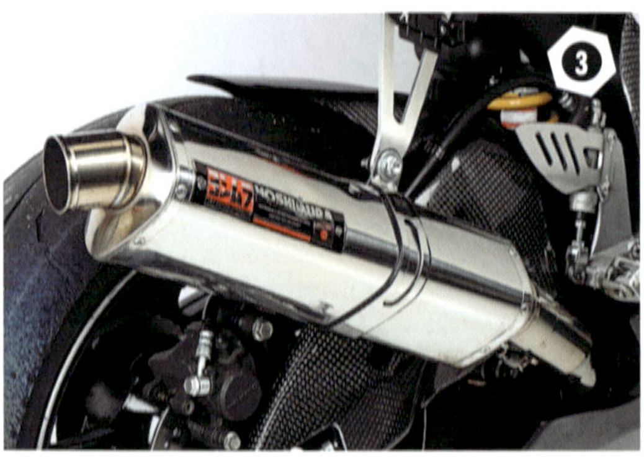

5 Pour la compétition, de nombreuses vis (carters, étriers de frein, etc.) devront être « freinées ». Ce terme désigne le système consistant à relier ces vis spéciales (percées dans leur tête) entre elles ou à d'autres éléments (bouchons, attaches, etc.) par un câble tressé, ce qui empêche qu'elles ne se desserrent toutes seules ou tombent. Une pince spéciale peut vous aider à effectuer cette manipulation.

6 Si vous n'optez pas pour un carénage spécifique pour la piste, il est préférable de scotcher avec un adhésif de type « américain » votre/vos optique(s) de phare pour éviter que des débris soient sur la piste en cas de chute. L'idéal est de mettre une petite plaque de mousse dessous pour éviter de prendre un impact.

7 Pour la compétition, vous devrez équiper votre moto d'un dispositif spécifique grossièrement appelé « bac à huile ». Il est capable de contenir le volume d'huile répandu en cas de casse moteur. Il peut même être requis sur certaines pistes, y compris dans le cadre de roulages.

8 Les pneumatiques sont les éléments les plus sollicités lors du roulage sur piste. Surveillez particulièrement l'usure et la « cuisson ». À force de trop monter en température, les pneus vont bleuir et perdre toute adhérence.

9 Pour faciliter les opérations de manutention, optez pour des roulettes à monter sur le bras oscillant, afin d'utiliser plus facilement une béquille d'atelier.

MODIFIER SA MOTO, QUELS RISQUES ?

Améliorer, embellir, se différencier sont autant de prétextes pour décider de personnaliser sa moto. Mais au grand dam des préparateurs, toutes les excentricités ne sont pas permises. En effet, les règles de garantie constructeur et de couverture d'assurance ainsi que les contrôles de police doivent être connus avant de se lancer dans une profonde transformation.

Les motards tiennent rarement compte de tout cela, en montant la plupart du temps des pièces homologuées (ou pas) dites «adaptables», mais pour les assureurs, il peut s'agir de motifs de rupture de contrat. Ce cas de figure peut se produire en cas d'accident impliquant une moto modifiée, à la condition que la preuve ait été faite que la modification est à l'origine de l'accident. Aucun risque si vous mettez un support de plaque sur votre moto, donc. En revanche, si vous avez choisi une jante et un pneu beaucoup plus larges que ceux d'origine et que vous n'avez pas réussi à éviter un obstacle, là, votre responsabilité peut être engagée. Si la préparation a été réalisée par un professionnel, c'est vers lui que les assureurs se retourneront.

Reste la question de la réglementation. Lors d'un contrôle, la police vérifie systématiquement la plaque d'immatriculation, le bruit et les clignotants. Plus rarement, elle peut aussi s'intéresser à vos rétroviseurs ou à des pièces d'habillage considérées comme dangereuses. Oubliez les écopes de radiateur à la Mad Max ou les cornes de vache qui pointent à l'avant de votre moto; vous seriez hors la loi. Pour passer les contrôles avec succès, vous devez avoir un échappement d'origine (ou adaptable) qui ne fait pas trop de bruit, des clignotants visibles et homologués, une plaque d'immatriculation propre, correctement éclairée, de la bonne taille et avec le bon lettrage.

Si vous envisagez sérieusement de vous lancer dans une véritable préparation, mais que vous souhaitez rester dans la légalité, sachez que, selon un texte de loi de 1995, *«un équipement peut-être soit d'origine (de première monte ou de remplacement) s'il appartient au type équipant le véhicule lors de sa réception, soit non d'origine…»*. La loi autorise donc des modifications. Mais il faut que les pièces montées aient été prévues et homologuées pour la machine en question. Si vous souhaitez opérer des changements plus profonds (roues, fourche…), il faudra vous adresser à la DRIRE (Direction régionale de l'industrie, de la recherche et du développement) pour une «réception à titre isolé».

Personnaliser sa moto est depuis longtemps une culture, voire un art pour certains, qui peut aussi, malheureusement, tourner parfois au massacre! En théorie, pas mal de modifications sont possibles, mais en pratique, il est tout à fait indispensable de connaître les contraintes liées à cette décision. Les photos des préparateurs sont une source riche d'inspiration, mais il faut garder en tête que leurs œuvres sont dédiées aux salons, à l'exposition, et ne sont absolument pas autorisées à rouler sur routes ouvertes.

Il faut déjà savoir que lorsqu'un constructeur homologue une moto, elle doit rester conforme à ce qu'elle était à sa RCE (Réception communautaire européenne, NDLR). Une procédure très complexe où chaque élément de la moto est vérifié pour être certain de sa conformité. À titre d'exemple, la directive européenne qui réglemente les phares, feux arrière et clignotants fait, à elle seule, plus de 60 pages! Les options constructeur et accessoires sont également incluses en annexe au dossier, ce qui permet d'équiper sa machine sans perdre la garantie. Le principal danger que vous encourez est celui d'une panne causée par un changement que vous auriez fait vous-même sur votre moto. Comme dans le cas du remplacement d'un faisceau électrique, par exemple.

NIVEAU DÉBUTANT DIFFICULTÉ

LES 10 POINTS DE PRÉPARATION OÙ IL NE FAUT PAS FAIRE N'IMPORTE QUOI

① FEU ARRIÈRE

Malgré ce que prétendent les vendeurs, les feux à clignotants intégrés ne sont pas homologués. Et même s'ils portent une marque «E11», cela ne concerne que la fonction «feu arrière». Les seuls feux homologués sont ceux qui dissocient la fonction de feu et de clignotant. Une amende de 3ᵉ classe* est possible.

② PLAQUE

La plaque d'immatriculation doit mesurer 210 x 130 mm et être sur fond blanc. Autrement, vous êtes passible d'une amende de troisième classe. Les véhicules de collection ne sont pas concernés.

③ ÉCOPES

Les écopes et autres parties de carénage passent sans problème, à condition que leur profil ne soit pas contondant. Dans le cas contraire, vous pouvez être verbalisé à cause d'une partie saillante (art. R317-23 du Code de la route) et risquez une amende de 3ᵉ classe.

④ TRANSMISSION

Mettre un pignon de sortie de boîte avec une dent en moins pour améliorer les reprises est courant. C'est normalement interdit. Toutefois, aucun risque de vous faire verbaliser lors d'un contrôle... mais un pignon plus petit ou une couronne plus grande peuvent fausser votre compteur. Attention aux radars, donc.

⑤ PNEUS

Les motos sont toutes homologuées avec un ou plusieurs types de pneus. Heureusement, il est toujours possible de monter les pneus que l'on a choisis sans être inquiété. Tant qu'il n'est pas devenu slick, la police n'y prêtera pas attention. Dans le cas contraire, vous risquez une amende de 4ᵉ classe*. En ce qui concerne l'assurance, il faudrait que cette dernière réussisse à prouver que ce sont les pneus de mauvaise dimension qui sont la cause d'un accident pour se retourner contre vous. À moins d'avoir monté un pneu de taille démesurée (240 mm sur un roadster par exemple!), il y a peu de chances pour que le lien puisse être établi. En revanche, attention à un pneu en mauvais état : dans ce cas de figure, prouver votre culpabilité si vous avez dérapé sur une chaussée glissante et fauché quelqu'un ne sera pas très difficile.

6 PHARE

Il est possible de modifier le phare, mais il va falloir le régler correctement. Faites attention aux modifications du faisceau électrique qui peuvent causer des dysfonctionnements de la machine. Votre assureur peut se retourner contre vous si cette modification provoque une panne de la moto.

8 COMMANDES

Attention aux commandes bricolées maison qui peuvent céder avec une grosse gamelle à la clé. En cas de souci, si l'assurance prouve que la rupture d'une commande est à l'origine de l'accident, elle engagera votre responsabilité.

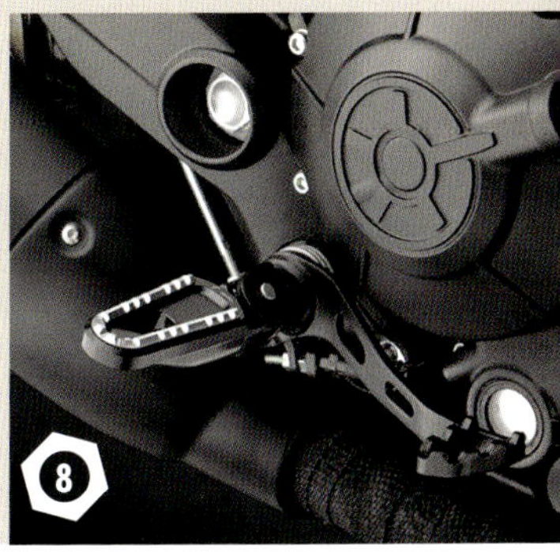

7 CLIGNOTANTS

Ils doivent être homologués et clignoter normalement. Ils peuvent être soit orange à ampoules blanches soit blancs à ampoules orange. Risque : une amende de 3e classe.

9 ÉCHAPPEMENT

Mettre un pot non homologué ou déchicaner un pot est évidemment interdit. Si le niveau sonore dépasse de 5 dB la valeur inscrite sur la carte grise, vous serez redevable d'une amende de 3e classe en cas de contrôle.

10 GUIDON

Si votre guidon est mal monté ou empêche de tourner correctement et que vous avez raté un évitement, votre assureur ou l'assureur adverse peuvent tenter de prouver que c'est cette modification qui a causé l'accident.

LES AMENDES LIÉES AUX MODIFICATIONS

3e classe :
- 68 € d'amende
- 45 € si elle est payée dans les trois jours.
- Immobilisation possible, remise en conformité dans les 48 heures minimum.

4e classe :
- 135 € d'amende
- 90 € si elle est payée dans les trois jours.
- Immobilisation possible, remise en conformité dans les 48 heures minimum.

BAGAGERIE, LES RÈGLES À RESPECTER

Voyager loin avec des bagages nécessite de la préparation et il convient de respecter certaines règles avant de charger sa machine. Il existe un grand nombre d'équipements pour faciliter le transport de vos affaires. Dans la fiche pratique n°32 qui suit, nous vous proposons un tour d'horizon des différents systèmes disponibles pour prendre la route en toute sérénité.

Votre moto, comme n'importe quel véhicule homologué, ne doit pas dépasser un certain poids, défini lors de son homologation, appelé PTAC (pour «Poids total autorisé en charge»). Il est mentionné sur la carte grise et spécifie donc la limite à ne pas franchir sous peine d'être en infraction.

Le dépassement du PTAC entraîne une contravention de quatrième classe, soit 135 € d'amende, avec une immobilisation possible si la surcharge dépasse 5 % du poids autorisé. Si le dépassement du PTAC est de plus de 20 %, la contravention est de cinquième classe (jusqu'à 1500 € d'amende, 3000 en cas de récidive). Il faut donc prévoir de partir avec des bagages réduits, car le PTAC d'un deux-roues s'atteint rapidement.

D'autre part, ajouter du poids à sa machine modifie la répartition des masses et des équilibres, ce qui va forcément changer le comportement routier. De la même manière que lorsque vous emmenez un passager, la garde au sol sera plus petite, l'adhérence réduite, et les distances de freinage plus importantes. En surpoids, la moto fait aussi souffrir ses pneus plus que d'ordinaire.

Pour limiter l'usure et les risques d'éclatement, pensez à adapter la pression des pneus en conséquence. Autant de paramètres à prendre en compte en adoptant une conduite plus souple, avec des marges de sécurité plus importantes. L'amortisseur arrière doit être réglé une fois que le chargement est terminé. Un durcissement du ressort permettra de compenser l'alourdissement de la machine.

Attention enfin lors des manœuvres, une moto plus lourde se montrera plus difficile à manipuler à basse vitesse.

OXFORD
OXFORD
OXFORD
OXFORD
AQ-
F
95

LES 5 ACCESSOIRES INDISPENSABLES POUR VOYAGER AVEC DES BAGAGES

① SANGLES ET ARAIGNÉES

La selle passager peut devenir un support idéal pour fixer un ou plusieurs sacs. Les traditionnelles sangles à doubles crochets permettent d'arrimer un bagage sur la selle, à condition que la moto dispose de points d'ancrage. Les filets «araignées» sont une autre option tout aussi efficace. Ils ont l'avantage de pouvoir s'attacher même sans points d'ancrage en glissant les crochets sous la selle. Ficelé de telle manière, aucun risque de perdre votre sac de voyage sur la route! D'une manière générale, veillez à ne pas trop charger l'arrière de la moto (selle et top-case) sous peine de délester la roue avant et de subir de désagréables effets de guidonnage particulièrement dangereux à moyenne et haute vitesses.

② LES SACS À DOS

Vos propres épaules sont de solides supports pour emporter un sac à dos. Il en existe un grand nombre, spécifiques moto ou non. Les premiers ont la particularité d'offrir parfois une parfaite étanchéité et un aérodynamisme adapté à la route. Les modèles type «randonneurs» sont intéressants aussi, car ils offrent des renforts pour le dos et les épaules, ainsi qu'une répartition des masses étudiée. Mais il faut garder à l'esprit que tout ce que porte la moto est autant de fatigue en moins pour le pilote. Lors du chargement, évitez les objets durs et lourds qui peuvent se révéler dangereux en cas de chute. Petit conseil qui s'applique à tous les rangements cités ici : n'oubliez pas d'emballer vos affaires dans des sacs étanches (type Albal® ou sac poubelle) pour les protéger contre la pluie.

③ LE TOP-CASE

Peu esthétique, mais bien pratique, voilà comment pourrait être défini le top-case. Lors de l'achat de ce dernier, veillez à bien vérifier la qualité des attaches et de la structure, où le plastique est peu recommandé, et le métal doit être traité antirouille. En ce qui concerne la «valise» en elle-même, optez pour une coque rigide et étanche, avec joint en caoutchouc. Placez les objets les plus lourds au fond, tout en restant raisonnable. Le fabricant doit indiquer quel est le poids à ne pas dépasser. Car un poids trop important risque de faire céder la structure, voire le berceau arrière du cadre de la moto. N'hésitez donc pas à peser ce dernier sur une balance avant de l'installer sur votre machine. Ne perdez également pas de vue que l'aérodynamisme de l'ensemble sera perturbé, entraînant une modification de la conduite et de la consommation.

④ LES SACOCHES LATÉRALES

Pour ceux qui ne sont pas les heureux possesseurs d'une BMW R 1200 RT ou autre Kawasaki GTR 1400 équipées de valises latérales de série, vous avez alors le choix entre les modèles latéraux rigides, proches du top-case, qui nécessitent de fixer une structure sur le cadre de la moto, et les sacoches en textile. Les premières valises conviennent mieux au baroudeur confirmé qui ne les enlèvera que rarement, tandis que les autres se révèlent très pratiques en cas de départ occasionnel. Attachées par des sangles qui se glissent sous la selle passager, elles sont également nettement moins chères, mais peuvent offrir une étanchéité moindre. De plus, le textile ne garantit aucune sécurité. Lors de leur installation, il convient de bien les arrimer avec les sangles de sécurité. Attention à ceux qui possèdent une machine avec un échappement positionné latéralement : les sacoches ne doivent en aucun cas reposer dessus, sous peine de fondre. Lors du chargement des sacoches (rigides ou souples), veillez à bien répartir le poids entre les deux. Ne perdez pas de vue non plus que la largeur de votre moto s'en trouvera modifiée : attention donc, lors des remontées de file.

⑤ LES SACOCHES RÉSERVOIR

Autre possibilité : la sacoche réservoir. Il en existe de deux types. Le premier, avec attaches classiques, nécessite l'achat et la pose préalables d'un tapis de réservoir. Pas toujours très jolis – du fait d'une différence de teinte entre le cuir et la couleur originale de votre machine –, ces tapis ont l'avantage de protéger la peinture de votre moto. Le second type de sacoche se fixe directement sur le réservoir à l'aide de puissants aimants situés dans les «pattes» du sac, capables de supporter autant de poids que des attaches traditionnelles. Beaucoup plus rapides à installer et préservant l'esthétisme de la moto, elles ont toutefois le double inconvénient de pouvoir être arrachées au feu rouge par un éventuel voleur si vous ne l'arrimez pas au guidon, et risquent de rayer la peinture du réservoir si des saletés restent accrochées aux aimants.

PRÉPARER UNE MOTO POUR UN RAID

Voyager dans des contrées éloignées en empruntant des pistes plus ou moins praticables, nécessite des équipements qui ne sont en rien obligatoires, mais restent fortement conseillés pour espérer aller au bout de votre aventure.

Petite précision qui a toute son importance, nous allons parler de la préparation d'une machine pour un raid et non pour un rallye-raid. Il n'est donc nullement question de compétition, mais bel et bien d'une aventure avec un grand A.

Que ce soit un voyage de quelques jours ou un trip sans fin pour découvrir le monde, qui veut aller au bout va ménager sa monture. Nous n'évoquerons pas l'utilisation que vous allez faire de votre machine, mais sa préparation. Celle-ci va se catégoriser avec, d'un côté la protection de la moto et du pilote, de l'autre la bagagerie, et enfin l'optimisation du confort.

Dans un premier temps, il est donc nécessaire de protéger tous les organes vitaux de votre moto, du moteur aux éclairages sans oublier les différents carénages. En fonction de la durée du voyage, plus ou moins de bagagerie sera nécessaire. Enfin, bulle haute, selle rembourrée, poignées chauffantes ou autres viendront agrémenter le confort. Bien évidemment, votre projet et votre budget vont avoir une forte incidence sur le choix de vos équipements.

Tout d'abord, la destination a un impact direct, car on ne prépare pas sa moto de façon identique pour aller au pôle Nord ou dans les sables du Sahara. De même, le choix de la moto pèse lourd dans la facture. Entre un pur trail ou un ersatz de baroudeur, le nombre d'améliorations/transformations va influencer, que vous bricoliez vous-même certains éléments ou que vous alliez piocher dans les catalogues plus gros que des bottins des spécialistes de ce genre d'exercice. L'occasion est également une solution pour trouver moins cher.

Dans la page suivante, nous allons détailler les indispensables pour bien voyager, mais les possibilités sont réellement infinies. Faites donc la part entre l'utile et le futile.

NIVEAU DÉBUTANT DIFFICULTÉ

LES 9 ÉQUIPEMENTS AVANT DE PARTIR POUR LA GRANDE AVENTURE

1 LES CRASH-BARS

Ce sont bien les premiers éléments à mettre pour celui ou celle qui comptent poser les roues sur autre chose qu'un bandeau d'asphalte. Spécialement développés pour une machine, ils se fixent à des endroits spécifiques et amortissent la chute tout en préservant les éléments de carénage, le moteur et/ou le réservoir. Certains couvrent également la direction voire les éléments arrières ou la bagagerie. Des caoutchoucs pour certains appendices comme les cardans sont aussi disponibles.

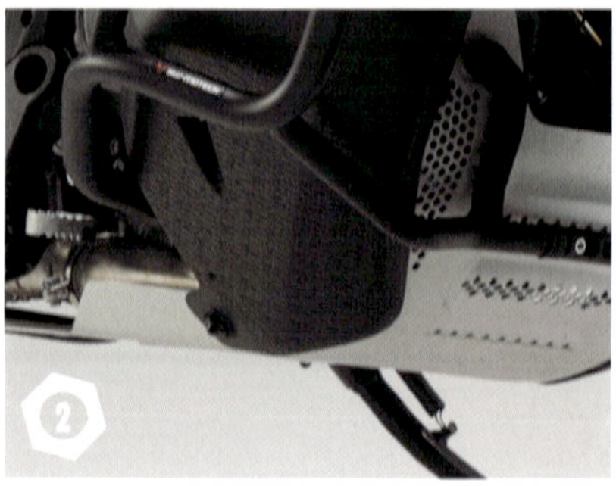

2 LE SABOT

Comme son nom l'indique, cet appendice qui pourrait paraître disgracieux était installé de série sur bon nombre de trails des années 80. Au fil du temps, il s'est plastifié pour finalement disparaître. Il convient donc d'installer un élément en aluminium épais qui jouera le rôle de bouclier face aux pierres qui auraient la mauvaise idée de se jeter sur la mécanique. Lors de passages difficiles, le dessous de la moto peut également frotter. Il convient donc d'en prendre un assez long.

3 PARE-MAINS

Comme sur les cross et enduro, ces éléments protègent les mains du pilote contre les projections ou les branchages et autres petits obstacles, qui avec la vitesse peuvent faire très mal. Les pare-mains feront également une protection contre les affres de la météo quand vous roulez longtemps. Certains renforcent cette partie avec protections comme les MotoGP pour éviter de casser les leviers, ou que quelque chose ne tape sur le levier de frein, notamment.

4 PROTECTION DE PHARE

Si les optiques de phare sont assez résistantes, elles ne peuvent rien faire contre la projection d'une pierre occasionnée par un autre véhicule. Une grille assez espacée n'altère pas la luminosité du phare, mais protège bien contre les plus grosses pierres. Autre solution : le renfort en plexiglas.

⑤ LES AUTRES ACCESSOIRES

Rehausseur de guidon, élargisseur de pédale de frein et/ou de béquille, extension de levier de freins, extension de levier de vitesse, sont autant d'appendices disponibles permettant de transformer le confort et la préhension de certaines machines.

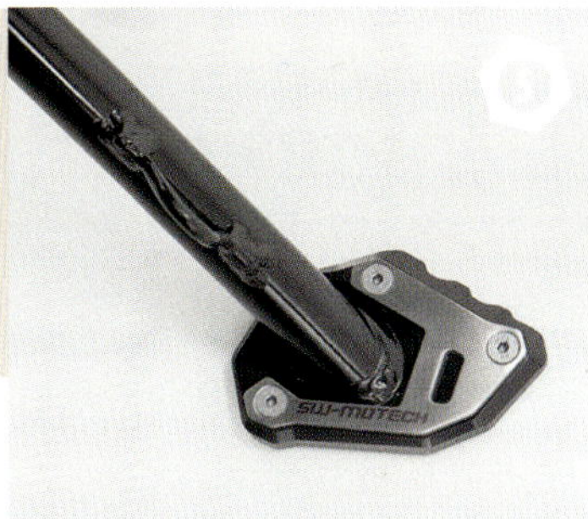

⑥ BAGAGERIE

Suivant le voyage, c'est plus ou moins nécessaire. Néanmoins, pour ceux qui partent loin, parfois à deux, il va falloir charger la mule. Les équipementiers proposent des valises très résistantes, sécurisées et étanches. Attention toutefois à bien répartir le poids, car cela change fortement la conduite. Pour protéger ces valises, certains font appliquer des films protecteurs pour éviter les rayures.

⑦ BULLE

Une fois encore, tout dépend du modèle qui va vous servir pour votre raid. Un élément réglable, plus protecteur et solide sera un allié précieux pour voyager longtemps.

⑧ SELLE

Une selle épaisse moelleuse, offrant du grip, taillée à votre morphologie peut se révéler être un investissement intéressant, surtout si vous pensez passer de longues heures sur votre machine. Si certains spécialistes proposent des éléments complets et donc plus onéreux, d'autres travaillent à partir de votre fond de selle.

⑨ PNEUS

Sauf si votre machine est déjà équipée de pneus spécifiques, il faudra se tourner vers des montes adaptées à votre projet. Chemins roulants ou plus défoncés, météo sèche ou non, chargement important ou pas, possibilités de réparations faciles ou non, aisance technique, sont autant de critères à prendre en compte au moment de choisir la bonne monte.

PRÉPARER UNE MOTO POUR LE STUNT

Bien évidemment, il est possible de faire du stunt avec n'importe quelle moto. Néanmoins, les différents acteurs ont apporté leur expertise et fait pas mal de modifications pour faire décoller la discipline.

Pratique importée des USA au début des années 80, le stunt devient un show dans un premier temps pour les grands événements moto. Richard Almet ou Patrick Bourny, sans oublier Alain Bour ou Laurent Aubujeau seront les pilotes/cascadeurs qui feront la promotion de la discipline dans l'Hexagone. Bien que la pratique ne soit pas reconnue comme un sport mécanique, il existe des compétitions. Mais le plus souvent, le stunt est pratiqué de manière libre.

Avec le temps, deux courants se sont dégagés avec d'un côté ceux qui pratiquent dans un lieu clos, et ceux qui le font sur routes ouvertes. L'avènement des réseaux sociaux et la multiplication des moyens de filmer ont entraîné aussi bien une émulation qu'une surenchère, occasionnant fatalement certaines dérives.

En règle générale, les machines utilisées sont des sportives reconditionnées avec un grand nombre de modifications pour répondre aux spécificités des différentes figures. Un grand guidon pour la préhension, une transmission courte pour donner du peps, une barre de curling pour protéger l'arrière ou le pied, des doubles commandes de frein, des repose-pieds larges, sans oublier un réservoir creusé sont autant de modifications pour enchaîner wheeling (roue avant en l'air), stoppies (roue arrière en l'air), burn (roue arrière qui tourne plus vite que la normale pour faire fumer le pneu), le tout en étant debout, ou assis, sans les pieds, sans les mains, sur les différentes parties de la moto, etc. Autant d'excentricités à l'arrêt ou en tournant, etc. Chris Pfeiffer, AC Farias, Sarah Lezito, Jorian Ponomareff, Julien Welsch et consorts sont les représentants de ces dernières années, ou des prochaines, de la planète stunt.

NIVEAU DÉBUTANT DIFFICULTÉ

LES 8 POINTS ESSENTIELS POUR TRANSFORMER UNE MOTO EN STUNTEUSE

① CRASH-BAR

Comme pour un trail, les crash-bars sont là pour protéger les organes vitaux de la moto en cas de chute. Ils se fixent sur des parties assez solides de la moto.

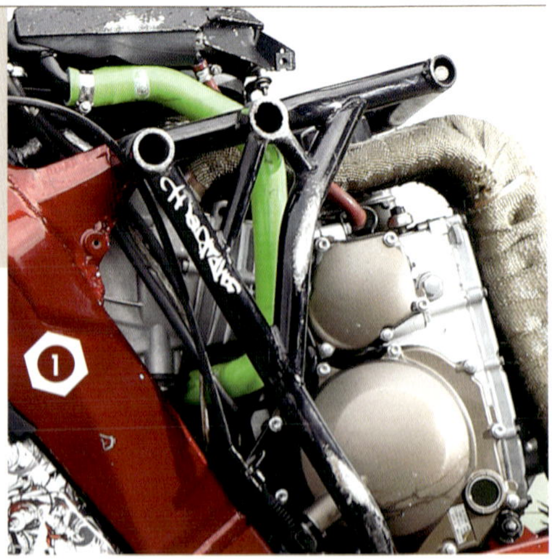

② GUIDON

Généralement, les stunters adoptent un large guidon avec un cintre très plat. Une commande du frein arrière trouve place côté gauche.

③ TRANSMISSION

Une sportive est certes nerveuse, mais pour le stunt, il faut une super réactivité. Une couronne de 70 dents (contre 45 d'origine) permet de tirer très court. La chaîne s'allonge toutefois avec 130 maillons, environ.

④ RÉSERVOIR

Soit celui d'origine peut être aplati, car il est en acier, soit il faut opter pour un modèle spécifique plus ou moins creusé en fonction de votre niveau et des figures exécutées. Un grip à base de matériaux adhérents (skate, plastique mou, etc.) est apposé pour éviter de glisser.

5 PEGS

Ces repose-pieds sont généralement des tubes métalliques fixés sur les axes de roues, ou à la place des éléments passagers. Ils sont faits dans une matière qui évite de glisser.

6 FREIN

Trois étriers et un disque de frein avant sont installés sur la roue arrière! Une commande au pied sollicite un élément, quand une autre commande déportée au guidon entraîne les deux autres.

7 ÉCHAPPEMENT

Pour éviter la casse, les stunters optent pour un échappement très court, quand il ne procède pas purement et simplement à son ablation. Sur les collecteurs, des bandes thermiques sont apposées pour éviter de se brûler en cas de chute.

8 PNEUS

Vu qu'il finit généralement en burn jusqu'à éclatement, le modèle de pneu n'a pas beaucoup d'importance. Généralement, la pression est diminuée pour augmenter l'adhérence.

CHANGER SON ÉCHAPPEMENT, RISQUES ET OPTIMISATION

Une meilleure sonorité, couplée à un look d'enfer, une cure d'amincissement, sans oublier quelques chevaux en plus, voilà la belle promesse des échappements adaptables. Mais toutes les données de l'équation ne sont pas toujours au rendez-vous.

Dans un passé pas si lointain, un échappement adaptable offrait plusieurs avantages majeurs, comme un bruit plus flatteur, une esthétique plus soignée, un poids en baisse, sans oublier une puissance à la hausse de manière significative. Il n'était pas rare de voir sur certains modèles une bonne dizaine de chevaux gagnés, sans parler des kilos.

Mais l'arrivée des injections, puis des cartographies moteur et une tolérance inversement proportionnelle à la répression en matière de bruit a changé la donne. Un point que certains constructeurs soignent particulièrement en faisant le choix de confier la réalisation de ces éléments à des spécialistes. «*Le développement est devenu beaucoup plus complexe à cause des contraintes de la législation qui s'est durcie, et des progrès des marques de moto*», témoigne Christophe Delaet, responsable chez Numéro Uno, importateur français de Termignoni. «*Il est plus difficile de gagner en puissance dorénavant. Nous recherchons toujours la performance, mais nous travaillons encore plus sur le look et la sonorité*», précise Christophe. Rappelons qu'installer un modèle non homologué ou déchicaner un pot est évidemment interdit. Si le niveau sonore dépasse de 5 dB la valeur inscrite sur la carte grise, vous pouvez

être redevable d'une amende de 3e classe (de 45 à 68 € et possibilité d'immobilisation du véhicule).

Alors, si les fabricants moto recherchent avant tout l'efficacité, avec tout de même une dose d'esthétisme, il faut avouer que le pari n'est pas toujours réussi dans beaucoup de cas... Il existe encore plusieurs raisons pour changer un échappement, comme un élément cassé (les échappements d'origine étant souvent à des prix prohibitifs), un élément parfois disgracieux, ou un son trop feutré. S'il est possible de monter soi-même un échappement, il convient cependant de prendre quelques précautions. Sachez que le changement d'une ligne complète va modifier en profondeur les émissions polluantes.

Si, par le passé, le passage chez un concessionnaire qualifié permettait de tirer toute la quintessence d'un moteur avec son nouvel échappement, les cartographies des motos modernes étant développées pour l'échappement d'origine, la substitution par un élément adaptable peut changer la donne dans le sens négatif. Certains boîtiers électroniques permettent de paramétrer l'ensemble des données, mais ils sont plutôt destinés à un usage sur circuit où la puissance est primordiale.

D'un autre côté, Termignoni s'est associé avec la société Up Map, qui a développé un programme pendant 2 ans, composé d'un boîtier à connecter sur la prise diagnostic de la machine et d'une application à installer sur son smartphone. Le premier ne nécessite ni intervention ni modification sur le faisceau électrique puisqu'il vient se brancher sur le boîtier ECU via cette prise. Pour la seconde, l'application mobile est disponible en téléchargement pour iOS et Android et la liaison entre le smartphone et le boîtier, sans fil, se fait par Bluetooth®.

Une fois le boîtier branché et l'application installée, lors de la première utilisation, le boîtier s'associe au numéro de série de la centrale électronique et de nouveaux réglages deviennent disponibles afin de faire évoluer la cartographie d'injection d'origine pour optimiser au mieux votre machine avec son nouvel échappement... Termignoni. Dans le futur, le système Up Map devrait être disponible pour plusieurs autres marques d'échappements.

TRANSPORTER SA MOTO, LA BONNE MÉTHODE

Pour partir en vacances avec femme et enfants, bagages et moto, mais aussi pour se rendre sur un circuit ou dépanner une machine en rade, il est parfois utile de se servir d'une remorque. Voici les règles à respecter pour transporter sa monture en toute sécurité.

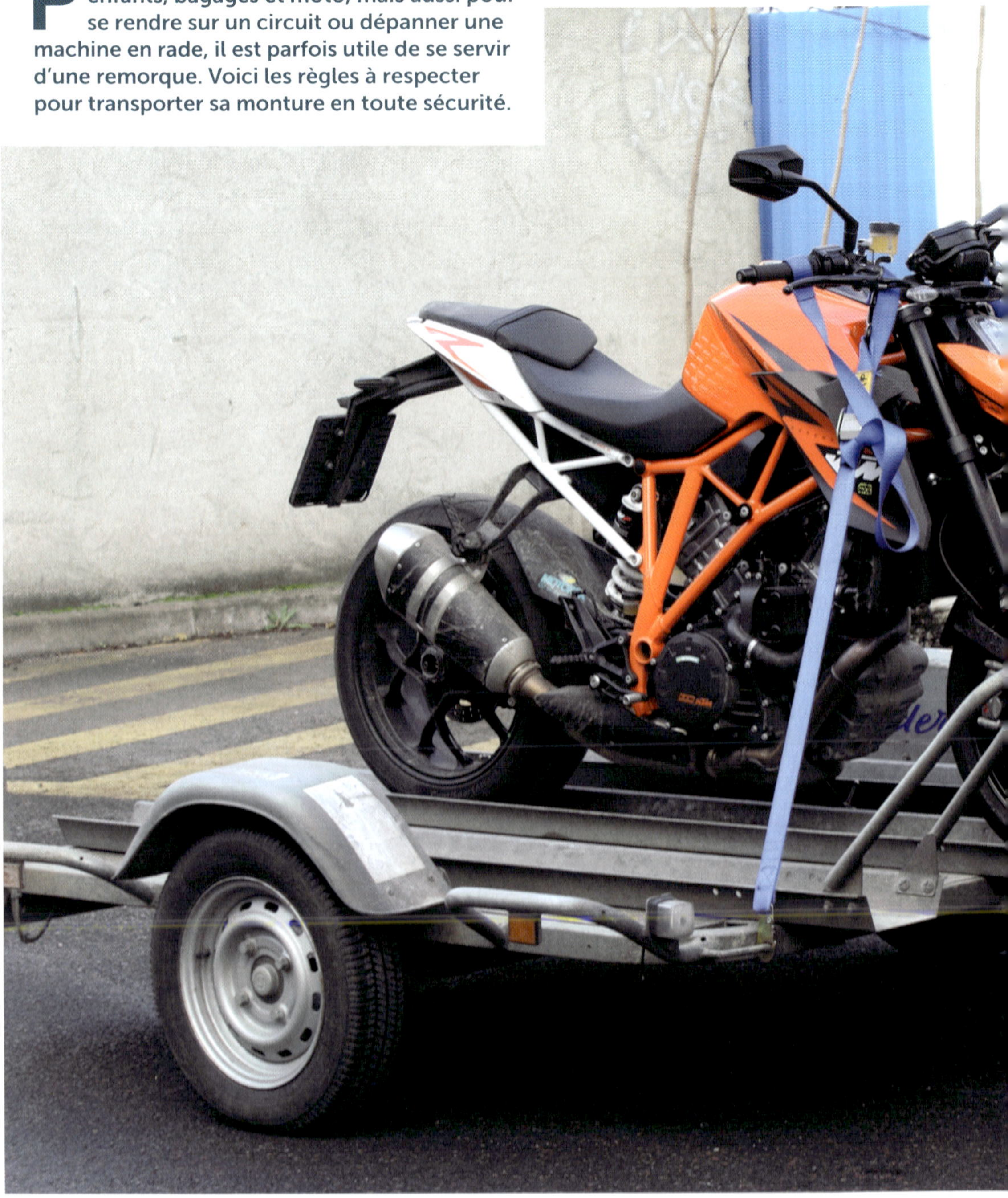

Une panne, un départ en vacances, une sortie sur circuit sont autant de raisons de monter votre moto sur une remorque.

Première chose : une remorque qui n'est pas adaptée au transport des motos pourra poser des problèmes et avoir des conséquences fâcheuses. Il est donc préférable d'opter pour un modèle spécifiquement dédié à cette fonction. Avec des prix débutants autour de 350 € pour un exemplaire neuf, ou 30 € pour une journée en location, il n'y a pas de quoi se priver.

La remorque doit être équipée d'un éclairage, d'une plaque d'immatriculation (au numéro de votre voiture) et de feux. Si elle pèse plus de 750 kg à vide, une carte grise et un permis sont nécessaires.

Le permis BE est obligatoire si vous remplissez les 2 conditions suivantes : le PTAC (Poids total autorisé en charge) de la remorque est supérieur à 750 kg et inférieur ou égal à 3,5 tonnes ou si la somme des PTAC du véhicule tracteur et de la remorque est supérieure à 4,25 tonnes (reportez-vous à votre certificat d'immatriculation, case F2). Si le PTAC de la remorque est inférieur à 750 kg, le permis B sera donc suffisant.

Côté véhicule, ce dernier doit être muni d'une boule de remorquage et d'une prise électrique. Enfin, prévoyez au moins trois sangles et veillez à être accompagné pour faciliter le chargement de la moto (voir fiche pratique ci-après).

Une fois en route, adaptez votre conduite en conséquence, en rallongeant vos distances de freinage. Votre conduite doit être souple, pour ne pas trop malmener la moto. Côté limitations de vitesse, elles restent identiques à celle d'une voiture solo, à l'exception de l'autoroute où la vitesse est abaissée de 20 km/h. Enfin, pensez à vérifier le serrage des sangles au premier arrêt et resserrez-les si nécessaire.

NIVEAU DÉBUTANT DIFFICULTÉ

TRANSPORTER SA MOTO DANS LES RÈGLES DE L'ART

- *Remorque homologuée*
- *Sangles*
- *Protections*

1 LA REMORQUE

Présentez la remorque devant la boule d'attelage de votre véhicule. Certaines remorques sont équipées d'un câble en acier à passer dans la boule au cas où le verrouillage serait défectueux. Arrimez la remorque, placez la sécurité si cette dernière en est équipée. Puis branchez la prise électrique. Vérifiez que l'éclairage (feux de stop, éclairage de plaque et clignotants) fonctionne.

2 MONTER LA MOTO

Installez la rampe d'accès, puis positionnez la moto droite, face au rail. Moteur allumé, montez la moto délicatement en première. Si vous calez ou êtes décalé (roue arrière mal placée) redescendez pour recommencer depuis le début. Si votre remorque possède un plancher, vous pouvez béquiller la moto en attendant de sangler. Dans le cas contraire, mieux vaut être deux pour ne pas risquer de faire tomber la moto en attrapant les sangles. Une personne tient la moto tandis que l'autre la sangle.

3 SANGLER LA MACHINE

Les sangles doivent être placées sur des éléments fixes assez solides pour supporter une forte tension pendant le transport. Généralement, les supports les plus adaptés sont les tés de fourche, le guidon et les platines de repose-pieds. Dans l'idéal, il faut comprimer la fourche et l'amortisseur pendant que l'on serre les sangles pour que la

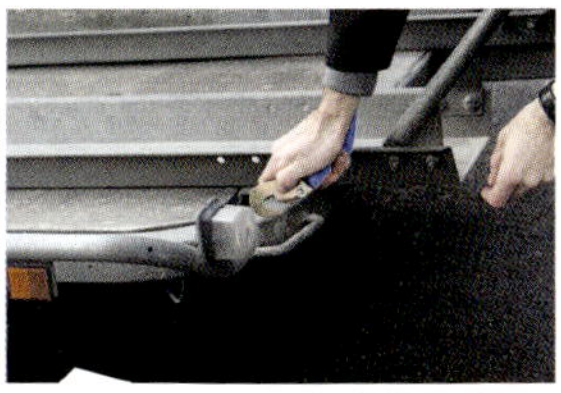

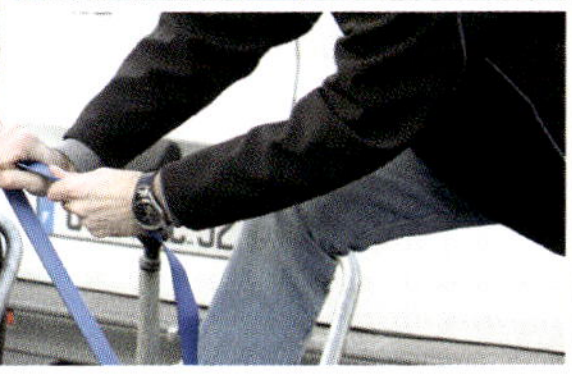

moto ne bouge plus. Il faut évidemment être deux pour le faire. Serrez fermement les sangles. Veillez à ce que rien n'entrave leur passage et que la moto soit droite. Enfin, il se peut que le tissu des sangles frotte sur le carénage. Pensez à protéger les parties en question avec un chiffon plié ou de la mousse pour éviter de rayer la peinture ou d'abîmer les surfaces en métal. Pour terminer, bloquez la roue avant. Pour ce faire, vous pouvez utiliser une dernière sangle sur la roue, ou mettre un collier Rilsan® sur le levier de frein. N'oubliez pas d'enclencher une vitesse, ni de sécuriser vos sangles en faisant un nœud.

LES AUTRES MOYENS

Le chargement en camion

- La marche à suivre est similaire. Pensez à bloquer la roue avant contre la paroi du camion pour éviter que la moto ne bouge. Deux sangles suffisent pour arrimer solidement la machine. Aidez-vous des crochets d'arrimage au sol ou des trous faits dans la tôle pour passer les sangles. Prévoyez également un vieux matelas ou de la mousse avant de sangler la moto contre le camion.

Dans un camping-car

- Certains modèles bénéficient d'un coffre de rangement suffisamment grand pour faire entrer deux motos. L'opération est similaire au chargement dans un camion.

LE NETTOYAGE DE FOND EN COMBLE

S'atteler à un nettoyage de fond en comble de sa moto après une sortie ou avant l'hiver fait partie des bonnes habitudes à prendre pour ménager sa monture. Mais attention toutefois à ne pas faire n'importe quoi. Explications.

Dans un premier temps, vous pouvez dégrossir le lavage en vous rendant au nettoyeur haute pression. Mais au risque de se répéter, méfiez-vous de la puissance du jet d'eau qui peut faire des ravages, en particulier sur les joints.

Un seau d'eau savonneuse et un jet d'eau feront très bien l'affaire. Vous pouvez également opter pour des produits spécialisés : il en existe pour toutes les parties très encrassées de la moto (jantes, etc.). Mais veillez à les utiliser correctement et testez-les avant sur une petite partie de votre machine. Vous pouvez aussi utiliser des produits non agressifs et naturels, comme le vinaigre blanc ou le savon noir. Ils nécessitent un peu plus d'huile de coude, mais le résultat est souvent identique. Rincez une première fois et vérifiez que vous n'avez rien oublié, une partie sale sur une moto propre se remarque facilement. Si tout est nettoyé, passez un coup de chiffon (de vieux draps en coton sont parfaits) pour éviter les traces d'eau.

Pour redonner plus d'éclat à une peinture un peu passée et effacer les microrayures, vous pouvez utiliser un polish. Suivez la notice sur le bidon, et utilisez un chiffon doux ou une peau de chamois. Cela permet de retrouver un bel aspect de surface et une moto rajeunie. Idéal avant une revente. Si les parties métalliques (leviers, commandes, chromes...) sont un peu sales ou ternies, il est possible de leur rendre leur lustre grâce à des rénovateurs de métaux. Pour un meilleur résultat, n'hésitez pas à frotter le produit avec de la paille de fer 000 (la plus fine), sur les parties non peintes uniquement.

Enfin, pour les rayures profondes, investir dans un efface-rayures est une bonne idée. Sachez tout de même que si la totalité de la peinture a disparu, le produit ne sera pas efficace. Il atténuera un petit peu l'effet terni, mais ne redonnera pas son aspect originel à la pièce.

En revanche, pour les petites rayures du quotidien (réservoir, coque arrière à proximité de la serrure de selle...), ces produits offrent un résultat convaincant. Ce grand nettoyage peut – doit – être fait avant de remiser votre moto pour l'hiver. Mais avant de la remiser, veillez bien à ce que toutes les parties soient sèches pour éviter qu'une pièce ne s'oxyde.

NIVEAU DÉBUTANT DIFFICULTÉ

PRÉPAREZ VOTRE MOTO POUR HIVERNER EN 7 ÉTAPES

- *Un tournevis*
- *Un jerrican d'essence*
- *Des chiffons*
- *Un compresseur*
- *De la graisse ou de l'huile*
- *Des clés Allen, BTR ou plates pour démonter la batterie*

1 La première chose à faire consiste à gonfler les pneus légèrement plus que de coutume pour que la perte de pression ne déforme pas la carcasse. Deux cents grammes en plus de la pression usuelle suffisent.

2 Faites le plein d'essence. Si le réservoir est à moitié vide, les vapeurs d'essence vont oxyder l'intérieur du réservoir, dégrader son état de surface et compliquer la remise en route. Cette remarque n'est valable que pour les modèles métalliques.

3 Débranchez la batterie et retirez-la de la moto (voir fiche n° 7, page 30), surtout si celle-ci stationne dans un endroit froid. En effet, une batterie n'apprécie pas une température trop basse, en particulier quand elle n'est plus utilisée. Stockez-la au chaud, et rechargez-la lorsque vous souhaitez ressortir votre monture.

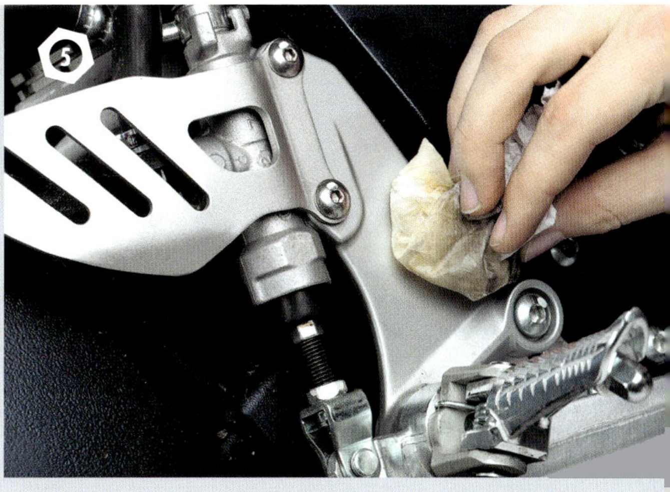

4 Si votre moto est dotée d'un robinet d'essence, fermez-le et videz les cuves des carburateurs pour éviter la formation de dépôts. Cette vis est reconnaissable aux durites qui sortent juste en dessous pour permettre à l'essence de s'écouler. Si vous n'arrivez pas à localiser ces vis, faites tourner la moto, robinet fermé, jusqu'à l'arrêt du moteur.

5 D'une manière générale, les métaux et les chromes risquent de rouiller d'autant plus rapidement que la moto sera placée dans un endroit humide. Dans ce cas, n'hésitez pas à vous munir d'un chiffon imprégné d'huile pour enduire les parties métalliques les plus vulnérables. Grâce à ce film protecteur, l'oxydation aura plus de mal à s'installer.

6 Pour éviter une oxydation à l'intérieur de l'échappement, bouchez la sortie de ce dernier avec un chiffon gras.

7 Pour finir, il est possible de bâcher la moto. Attention aux endroits humides, ce sera encore pire sous une bâche qui recouvre entièrement la machine. À réserver aux endroits secs. Si vous craignez qu'elle ne s'abîme, recouvrez juste les parties les plus exposées aux chocs et à la saleté.

NIVEAU DÉBUTANT DIFFICULTÉ

REMETTRE EN ROUTE SA MOTO EN 8 POINTS

- *Bidon*
- *Bac à huile*
- *Clé Allen*
- *Clé plate*
- *Tournevis*
- *Clé à bougie*

Une moto ancienne qui ne roule pas souvent, voire hiberne plusieurs mois (ou années) nécessite une grosse inspection pour repartir. Même si ses mécaniques sont capables de craquer vite, il est nécessaire de leur faire une révision pour éviter les gros soucis. Cette opération est aussi valable pour une moto moderne qui aurait été remisée longtemps.

1 Soit vous avez mis en charge votre batterie pendant que votre moto ne servait pas, soit vous avez opté pour un élément neuf. Dans tous les cas, il va falloir installer la batterie dans son logement (voir les étapes page 30).

2 Vérifiez ensuite l'état de tous les filtres à huile et à air. Réalisez ensuite une vidange complète de l'huile moteur (voir les étapes page 18).

3 Nettoyez en profondeur afin d'enlever toute la poussière. Si vous possédez un compresseur avec une soufflette, c'est l'idéal; cela permet d'enlever la poussière sans rayer la peinture (voir les étapes page 122).

4 Si votre moto a une chaîne, procédez à la tension de celle-ci et à son graissage. Pour les motos à cardan, vérifiez le niveau, faites une vidange si besoin ou complétez le niveau.

5 Vérifiez la pression des pneumatiques, traquez les éventuelles craquelures sur les flancs ou les méplats, si votre machine a été stationnée sur la béquille latérale (voir toutes les étapes page 68).

6 Procédez au changement des bougies d'allumage, notamment dans le cas où le réservoir du carburant n'avait pas été vidangé avant l'hivernage. Les composants les plus volatils du carburant s'évaporent et forment parfois des résidus sur l'isolant des bougies. De la condensation peut aussi se former et favoriser le développement de rouille sur les parois. Pour minimiser tous ces désagréments, il est important de vérifier l'état des bougies et de les changer (voir toutes les étapes page 26).

7 Une purge complète du réservoir d'essence est à prévoir. Avec le temps, le carburant perd de ses qualités et de nombreux dépôts peuvent apparaître. De même, vous pouvez également procéder à un nettoyage des carburateurs avec l'application d'un produit spécifique.

8 Vérifiez enfin tous les serrages et graissez les différents éléments.

NETTOYEZ VOTRE CASQUE

- *Éponge*
- *Produits spécifiques*
- *Brosse à dents souple*
- *Chiffon doux*
- *Eau*

Outre le nettoyage de la visière après chaque roulage, votre casque mérite régulièrement un lavage en profondeur.

1 Démontez la visière en vérifiant auparavant dans votre notice la manipulation à effectuer pour enlever le système. Certaines sont clipsées quand d'autres sont fixées avec une vis type BTR®. Une partie des mousses intérieures peut également s'enlever, car elles sont généralement clipsées.

2 Si la visière est pourvue d'un système antibuée, enlevez-le. Lavez la visière à l'eau claire en frottant délicatement avec un chiffon doux ou un morceau d'essuie-tout imbibé d'eau pour enlever les impuretés. Ne frottez pas comme un fou et n'utilisez pas de système abrasif, sinon votre visière sera rayée et bonne à jeter. Vous pouvez également utiliser des lingettes spécifiques.

3 Si les mousses de votre casque se démontent, vous pouvez les laver en machine, avec un programme délicat ou à froid, en les glissant dans un filet spécifique. Utilisez juste un peu de lessive, mais pas d'adoucissant. Vous pouvez également les faire tremper dans du bicarbonate de soude (un puissant désodorisant). N'oubliez pas de rincer abondamment.

4 À l'intérieur, vous pouvez passer un coup d'éponge légèrement humidifiée sur la coque et les sangles. Vous pouvez également utiliser un produit nettoyant spécifique. Pour l'extérieur, lavez la coque avec de l'eau savonneuse ou des lingettes. Une brosse à dents usagée à poils très souples peut servir pour retirer les moustiques incrustés dans les aérations.

5 Faites sécher les mousses à proximité d'une source de chaleur, sans pour autant les coller dessus. Essuyez l'intérieur et l'extérieur de votre casque avec un chiffon doux.

6 Séchez votre visière, puis remettez un produit antibuée si cette dernière n'est pas pourvue de système spécifique. Remontez ensuite l'ensemble en commençant par les mousses, puis la visière. Votre casque est comme neuf !

NIVEAU DÉBUTANT DIFFICULTÉ

LAVEZ VOS VÊTEMENTS

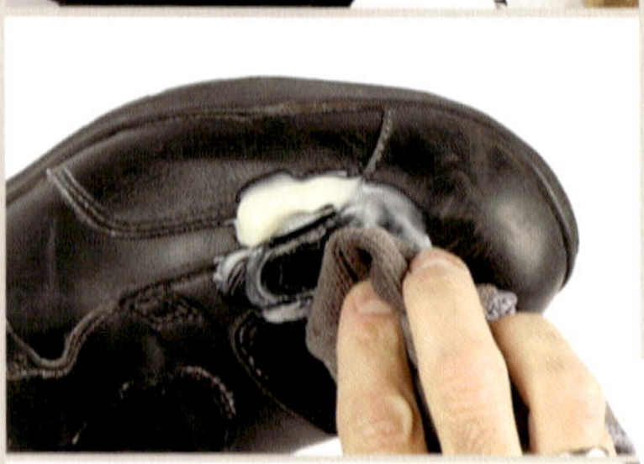

- Chiffon doux
- Éponge
- Eau
- Produits spécifiques
- Cirage
- Baume nourrissant
- Machine à laver
- Séchoir

Avec la pollution, les saletés et les intempéries, vos vêtements (blousons, gants, bottes...), qu'ils soient en textile ou en cuir, méritent un traitement de qualité pour les préserver sur le long terme.

1 BOTTES ET GANTS EN CUIR

Enlevez la boue éventuelle et dépoussiérez-les à l'aide d'une brosse. Lavez-les avec une brosse humide. Laissez sécher sans mettre au soleil ou sur une source de chaleur. Pour l'intérieur, appliquez un produit spécifique désodorisant et nettoyant. Dans le cas de bottes humides, bourrez-les de papier journal ou utilisez un séchoir spécial (vendu une trentaine d'euros et utilisé pour les chaussures de ski). Un produit nourrissant peut aussi être appliqué. Cirez ensuite le cuir et imperméabilisez-le.

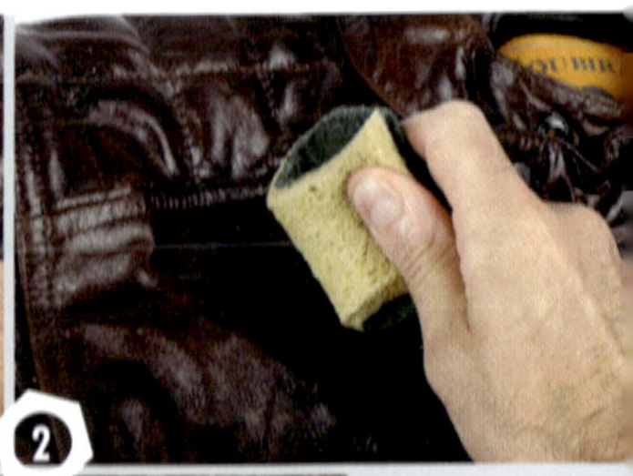

2 BLOUSON EN CUIR

Dans un premier temps, dépoussiérez-le avec un chiffon doux ou une brosse. Enlevez ensuite les impuretés en utilisant une éponge humide (attention, dans le cas des cuirs rugueux, il est préférable de passer cette étape). Un produit approprié peut être utilisé. Suspendez votre blouson pour qu'il sèche sans le mettre sur une source de chaleur ni en plein soleil, mais dans un endroit ventilé. Appliquez ensuite une graisse ou une huile adaptée. Enfin, une protection anti-pluie peut également être appliquée.

3 VÊTEMENTS EN TEXTILE

Reportez-vous à l'étiquette à l'intérieur pour savoir si votre vêtement (blouson, pantalon ou gant) peut passer à la machine, doit être nettoyé à sec ou à la main. Videz vos poches, ôtez les protections, puis fermez toutes les fermetures Velcro® ou Éclair®. Utilisez de préférence une lessive adéquate non agressive et respectez la température. N'utilisez pas d'adoucissant, celui-ci pourrait altérer les membranes climatiques et autres spécificités de votre vêtement. Rincez abondamment et essorez délicatement. Faites sécher votre vêtement en le suspendant dans une pièce ventilée à l'abri du soleil, sans le coller à une source de chaleur. Une fois bien sec, appliquez un imperméabilisant.

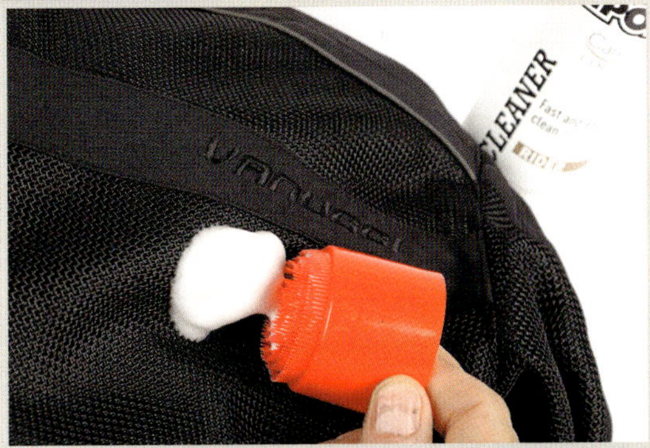

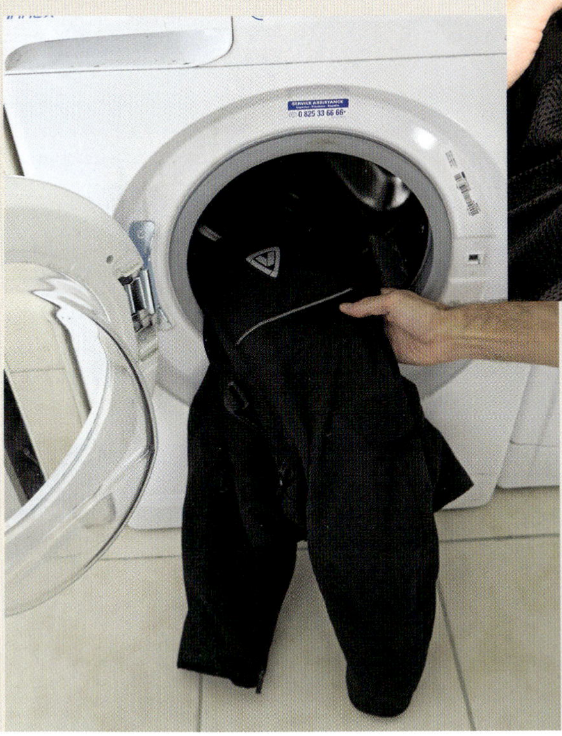

NIVEAU DÉBUTANT DIFFICULTÉ

ANALYSER UN PROBLÈME MOTEUR

- *Clé à douille*
- *Clé Allen*
- *Clé plate*
- *Graisse*
- *Clé dynamométrique*
- *Dégrippant*
- *Cric*

Votre moto refuse de démarrer ou tourne comme une patate ? Heureusement, nous sommes là pour vous aider. Dans ces pages, nous avons listé et diagnostiqué les problèmes les plus courants et vous livrons toutes les solutions pour pallier ce genre de désagrément.

1 LE MOTEUR NE DÉMARRE PAS... ... AVEC LE DÉMARREUR QUI NE TOURNE PAS

- Contacteur sur OFF
- Béquille latérale déployée
- Vitesse enclenchée ou faux point mort
- Fusible grillé
- Problème de batterie (voir p.30) :
  - Déchargée
  - Câbles de batterie desserrés
  - Bornes de batterie oxydées
- Contacteurs de démarrage / de point mort / d'embrayage / de béquille défectueux
- Démarreur électrique hors-service.

1

2

2 LE MOTEUR NE DÉMARRE PAS, MAIS... ... LE DÉMARREUR TOURNE

- Batterie en faible état de charge (voir p.30)
- Problème de bougies (voir p.26) :
  - Si elles sont sèches et sans odeur d'essence, c'est un problème d'alimentation
  - Si elles sont humides, c'est un défaut d'allumage
- Problème d'essence :
  - Réservoir vide ou encrassé
  - Robinet fermé ou sur réserve
  - Durites pincées
  - Filtre à essence encrassé
  - Mise à l'air libre du bouchon de réservoir obstruée
  - Pompe à essence hors-service
- Dans le cas où la moto en dispose, vérifiez la commande de starter qui peut être ouverte ou bloquée
- Faisceau d'allumage endommagé ou défectueux.

③ LE MOTEUR DÉMARRE, MAIS... ... IL CALE DÈS QUE L'ON ENCLENCHE LA 1ÈRE

- Contacteurs de béquille défectueux.

④ LE MOTEUR DÉMARRE, MAIS... ...AVEC UN BRUIT ANORMAL, ET IL MANQUE DE PUISSANCE

- Prise d'air au niveau du carburateur
- Bougies ou antiparasite encrassés ou défectueux (voir p.26)
- Problème de compression :
  - Bougie desserrée
  - Soupape défectueuse
  - Segmentation
  - Culasse ou piston endommagés.

⑤ LE MOTEUR DÉMARRE, MAIS... ... IL CALE SOUVENT ET/OU AFFICHE UN RÉGIME DE RALENTI IRRÉGULIER

- Ralenti réglé trop bas
- Bougies (voir p.26)
- Problème de calage de distribution
- Prise d'air au carburateur ou au réservoir
- Mauvais jeu aux soupapes
- Carburateur encrassé
- Starter en position ouverte.

6 LE MOTEUR DÉMARRE, MAIS... IL MANQUE DE PUISSANCE ET LES MONTÉES EN RÉGIME SONT DIFFICILES

- Problème de compression
  - Bougie desserrée
  - Soupape défectueuse
  - Segmentation
  - Culasse ou piston endommagés
- Problème de distribution
- Filtre à air à nettoyer (voir p.22).

7 LE MOTEUR DÉMARRE, MAIS... IL Y A DE LA FUMÉE BLEUE QUI SORT DE L'ÉCHAPPEMENT

- Vérifier le niveau d'huile (voir p.18)
- Joint de culasse endommagé ou usé.

8 LE MOTEUR DÉMARRE, MAIS... ... IL Y A DE LA FUMÉE BLANCHE

- Joint de culasse défectueux ou usé
- Culasse abîmée

9 LE MOTEUR DÉMARRE, MAIS... ...IL EST EN SURCHAUFFE

- Problème de refroidissement
- Niveau de liquide de refroidissement à vérifier
- Durites mal fixées
- Objet sur le radiateur (papier, animal, etc.)
- Radiateur percé ou mal monté
- Culasse ou piston endommagés.

NIVEAU DÉBUTANT DIFFICULTÉ

ANALYSER UN PROBLÈME SUR LA PARTIE-CYCLE

- *Clé à douille*
- *Clé Allen*
- *Clé plate*
- *Graisse*
- *Clé dynamométrique*
- *Dégrippant*
- *Cric*

Votre moto ne roule pas correctement ou connaît des réactions bizarres, pour ne pas dire dangereuses ? Moto Revue a listé les problèmes les plus courants, vous en explique la cause et vous livre toutes les solutions pour y remédier.

1

1 OSCILLATION DE LA MOTO AVEC DES MOUVEMENTS ALTERNATIFS DU GUIDON EN LIGNE DROITE, BAPTISÉE « SHIMMY »

- Problème de pneumatiques (voir p.68) :
  - Mauvaise pression
  - Usure de la bande de roulement
  - Pneu mal centré
  - Mauvais équilibrage
- Roue avant :
  - Axes de roues desserrés
  - Disque et/ou roue voilés
  - Jeu des roulements de roue
- Fourche avant :
  - Pontet abîmé
  - Colonne de direction trop ou pas assez serrée
- Axes de bras oscillant grippés
- Cadre :
  - Serrage ou fissures.

2 VIOLENTE RÉACTION AU NIVEAU DU GUIDON À LA SUITE D'UN À-COUP SURVENU AU SOL EN ACCÉLÉRATION OU EN LIGNE DROITE, BAPTISÉE « KICKBACK »

- Problème de pneumatiques (voir p.68) :
  - Mauvaise pression
  - Usure de la bande de roulement
  - Pneu mal centré
  - Mauvais équilibrage
- Roue avant :
  - Axes de roues desserrés
  - Disque et/ou roue voilés
  - Jeu des roulements de roue
- Fourche avant :
  - Pontet abîmé
  - Colonne de direction trop ou pas assez serrée
  - Niveau d'huile
- Axes de bras oscillant grippés
- Suspension arrière usée ou abîmée
- Cadre :
  - Serrage ou fissures.

3 LOUVOIEMENT EN LIGNE DROITE OU EN COURBE

- Problème de pneumatiques (voir p.68) :
  - Mauvaise pression
  - Usure de la bande de roulement
  - Pneu mal centré
  - Mauvais équilibrage
- Roues avant/arrière :
  - Axes de roues desserrés
  - Disque et/ou roue voilés
  - Jeu des roulements de roue
  - Alignement
- Fourche avant :
  - Colonne de direction trop ou pas assez serrée
- Axes de bras oscillant grippés
- Cadre :
  - Serrage ou fissures
- Suspensions arrière (voir p.72) :
  - Grippage
  - Pompage à cause d'un mauvais réglage ou d'une usure.

4 ADHÉRENCE PRÉCAIRE EN LIGNE DROITE OU EN COURBE

- Problème de pneumatiques (voir p.68) :
  - Mauvaise pression ou usure
  - Mauvaises dimensions
- Roue arrière :
  - Alignement
- Fourche avant :
  - Colonne de direction trop ou pas assez serrée
  - Niveau d'huile
  - Serrage et jeu de colonne
- Suspensions arrière (voir p.72) :
  - Mauvais réglage ou usure
- Axes de bras oscillant grippés
- Cadre :
  - Serrage ou fissures.

5 VIBRATIONS EN LIGNE DROITE

- Problème de pneumatiques (voir p.68) :
  - Mauvaise pression
  - Mauvaises dimensions
  - Usure de la bande de roulement
  - Pneu mal centré
  - Mauvais équilibrage
- Roues avant/arrière :
  - Axes de roues desserrés
- Fourche avant :
  - Grippage
  - Niveau d'huile
- Suspensions arrière (voir p.72) :
  - Mauvais réglage ou usure
- Cadre :
  - Serrage ou fissures
- Axes de bras oscillant grippés.